この本の特色

① コンパクトな問題集

入試対策として必要な単元・項目を短期間で学習できるよう，コンパクトにまとめた問題集です。直前対策としてばかりではなく，自分の弱点を見つけ出す診断材料としても活用できるようになっています。

② 豊富なデータ

英俊社の「高校別入試対策シリーズ」「公立高校入試対策シリーズ」を中心に豊富な入試問題から問題を厳選してあります。

③ 見やすい紙面

紙面の見やすさを重視して，ゆったりと問題を配列し，途中の計算等を書き込むスペースをできる限り設けています。

④ 詳しい解説

別冊の解答・解説　　　　　　　　　　　　解説を掲載しています。
間違えてしまった問　　　　　　　　　　　よく読んで，しっかりと
内容を理解しておき

この本の内容

1 円周角

近道問題

1 次の問いに答えなさい。

(1) 右の図において，点A，B，C，Dは円Oの周上の点であり，点Eは線分AB，CDの交点である。$\angle ACD = 43°$，$\angle CDB = 52°$のとき，$\angle CEB$の大きさを求めなさい。(　　　　)　(山梨県)

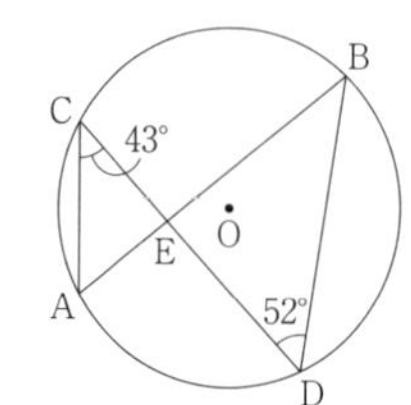

(2) 右の図のように，点A，B，C，D，Eは円Oの周上にあり，$\angle BAC = 28°$，$\angle BOD = 124°$である。このとき，$\angle CED$の大きさは何度か。(　　　　)

(高知県)

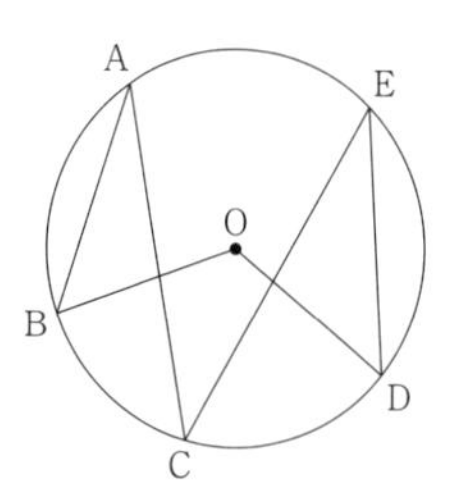

(3) 右の図で，3点A，B，Cは円Oの周上にある。このとき，$\angle x$の大きさを求めなさい。(　　　　)

(岩手県)

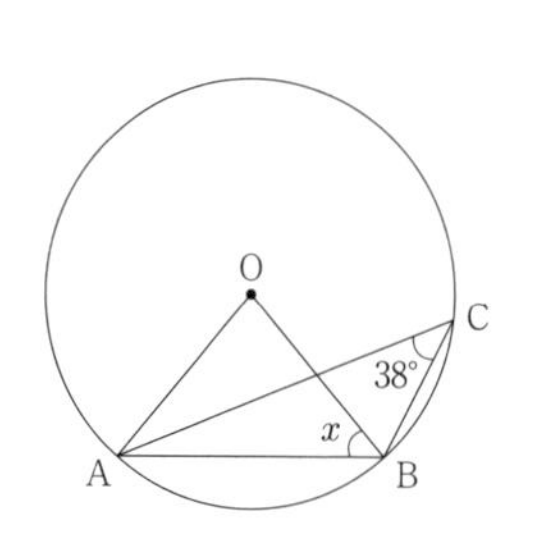

(4) 右の図のように，円Oの円周上に3点A，B，Cを，AB = ACとなるようにとり，△ABCをつくる。線分BOを延長した直線と線分ACとの交点をDとする。$\angle BAC = 48°$のとき，$\angle ADB$の大きさを求めなさい。

(　　　　)(福岡県)

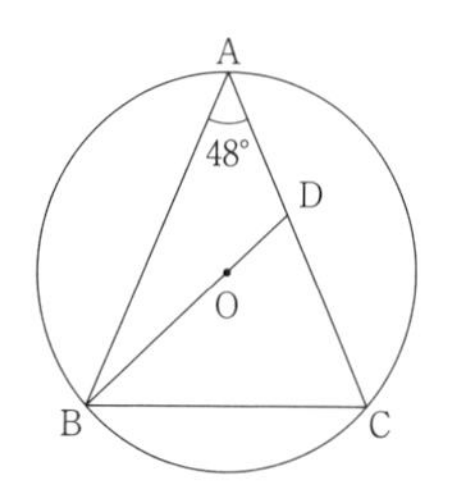

2 次の問いに答えなさい。

(1) 右の図において，$\angle x$ の大きさを求めなさい。

(　　　　　)（三田学園高）

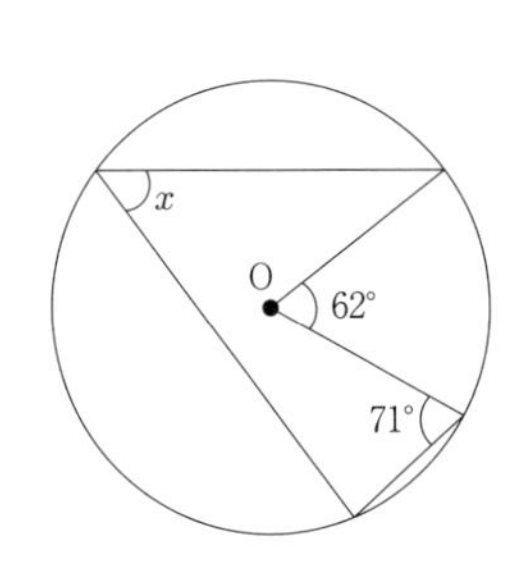

(2) 右の図において，$\angle x$ の大きさを求めなさい。

(　　　　　)（中村学園女高）

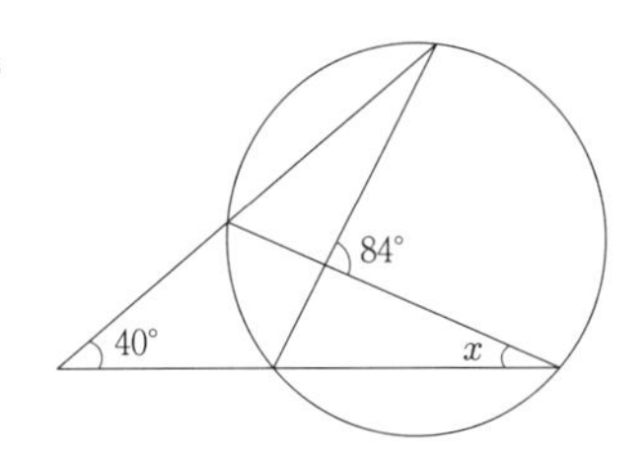

(3) 右の図において，4 点 A，B，C，D は円 O の周上にあり，線分 AC は円 O の直径である。$\angle \mathrm{ADB} = 25°$ であるとき，$\angle x$，$\angle y$ の大きさをそれぞれ求めなさい。

$\angle x =$ (　　　　　)　$\angle y =$ (　　　　　)（沖縄県）

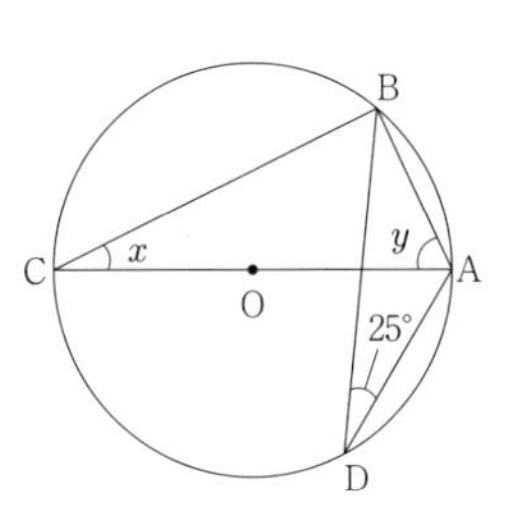

(4) 右の図のように，4 点 A，B，C，D が線分 BC を直径とする同じ円周上にあるとき，$\angle \mathrm{ADB}$ の大きさを求めなさい。(　　　　　)

（佐賀県）

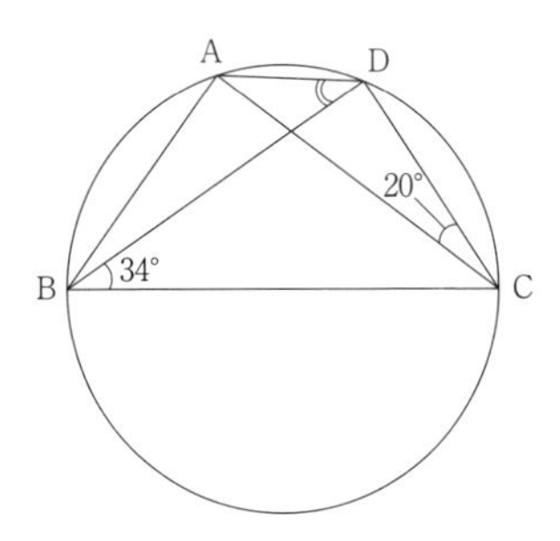

3 次の問いに答えなさい。

(1) 右の図で，C，D は AB を直径とする半円 O の周上の点で，E は線分 CB と DO との交点である。$\angle COA = 40°$，$\angle DBE = 36°$ のとき，$\angle DEC$ の大きさは何度か，求めなさい。(　　　　　)

(愛知県)

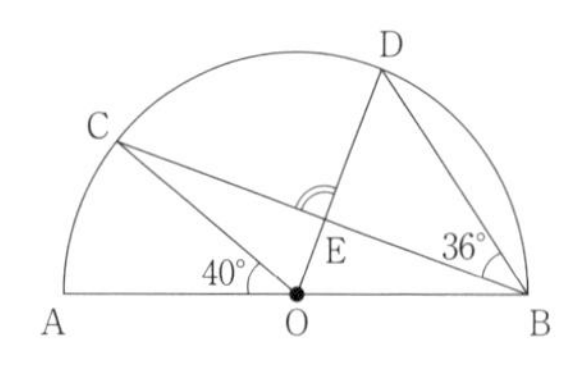

(2) 右の図のように，円 O の円周上に 3 点 A，B，C がある。四角形 OABC について，対角線の交点を P とする。$\angle AOB = 70°$，$\angle OBC = 65°$ のとき，$\angle APB$ の大きさを求めなさい。

(　　　　　)(岡山県)

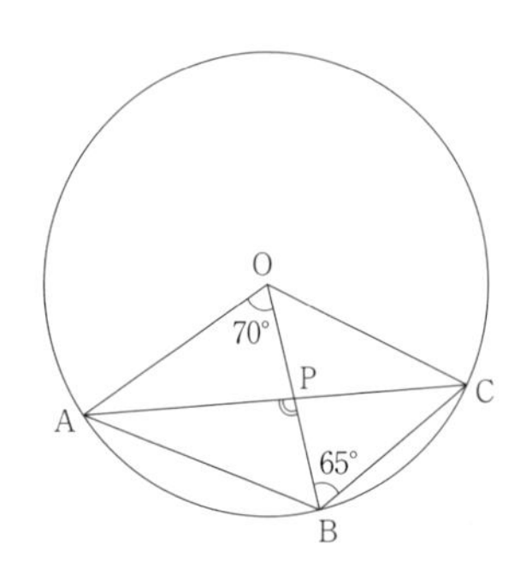

(3) 右の図で，C，D は AB を直径とする円 O の周上の点，E は直線 AB と点 C における円 O の接線との交点である。$\angle CEB = 42°$ のとき，$\angle CDA$ の大きさは何度か，求めなさい。

(　　　　　)(愛知県)

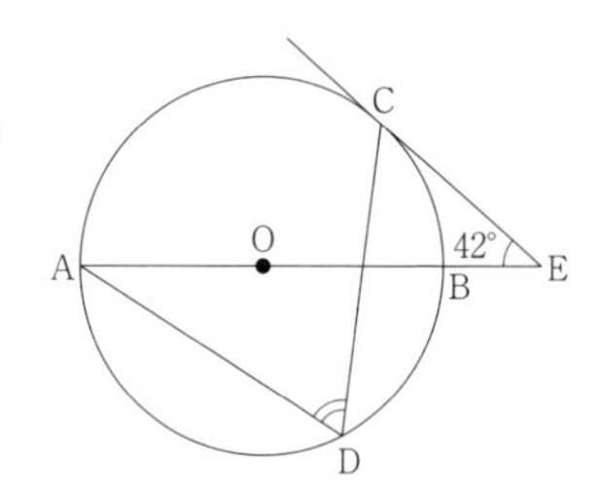

(4) 右の図のように，円 O の円周上に 3 つの点 A，B，C があり，線分 OA の延長と点 B を接点とする円 O の接線との交点を P とする。$\angle APB = 28°$ であるとき，$\angle x$ の大きさを求めなさい。(　　　　　)

(新潟県)

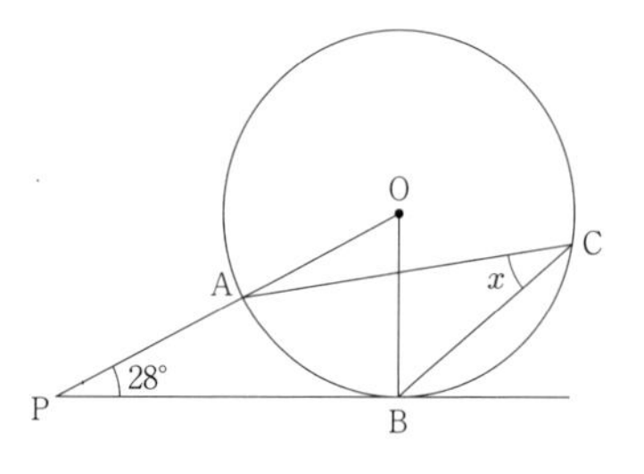

4 次の問いに答えなさい。

(1) 線分 AB を直径とする円周上に，点 C，D，E がある。CD は直径であり，AB ∥ CE である。CD と AE の交点を F，∠AEC = a とするとき，∠DFE の大きさを a を用いて表しなさい。(　　　　　)

(筑紫女学園高)

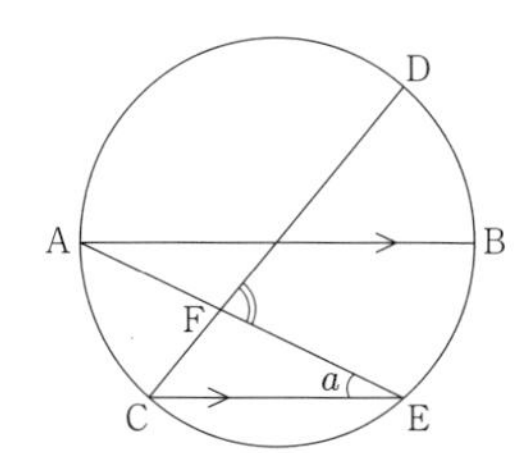

(2) 円 O の周上に 4 点 A，B，C，D があり，AD は直径である。図において，∠a = ∠b + 10°，∠b = ∠c + 20° が成り立つ。このとき，∠ACB の大きさを求めなさい。(　　　　　)　(西南学院高)

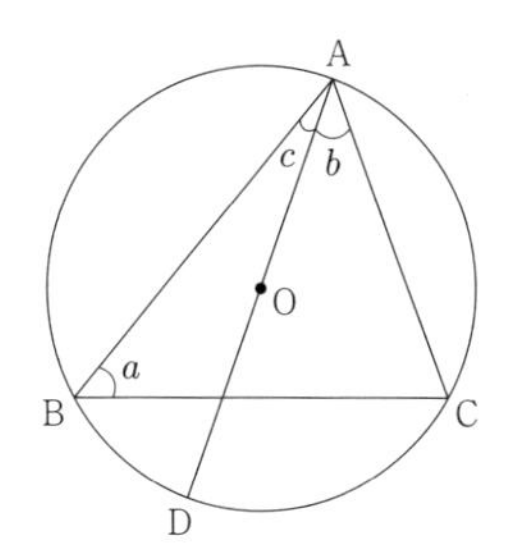

(3) 右の図のように，線分 AB を直径とする半円があり，線分 AB の中点を O とする。弧 AB を 5 等分した点のうち，A に最も近い点を C，B に最も近い点を D とし，線分 AD と線分 BC の交点を P とする。このとき，∠APC の大きさを求めなさい。(　　　　　)

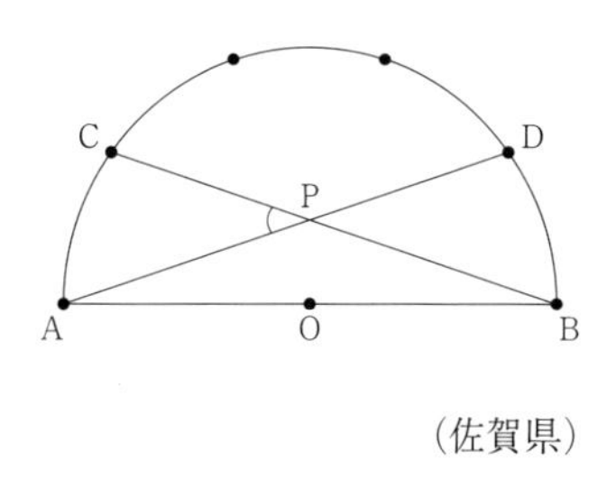

(佐賀県)

(4) 右の図において，円周上の 10 点は円周を 10 等分している。このとき，∠x の大きさを求めなさい。

(　　　　　)(筑紫女学園高)

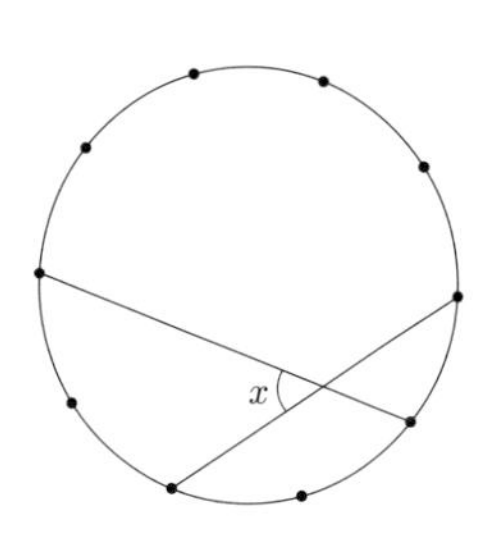

5 次の問いに答えなさい。

(1) 右の図のように，円Oの円周上に4つの点A，B，C，Dがあり，線分ACは円Oの直径である。$\angle BOC = 72°$，$\overset{\frown}{CD}$の長さが$\overset{\frown}{BC}$の長さの$\dfrac{4}{3}$倍であるとき，$\angle x$の大きさを答えなさい。ただし，$\overset{\frown}{BC}$，$\overset{\frown}{CD}$は，いずれも小さいほうの弧とする。(　　　　　)（新潟県）

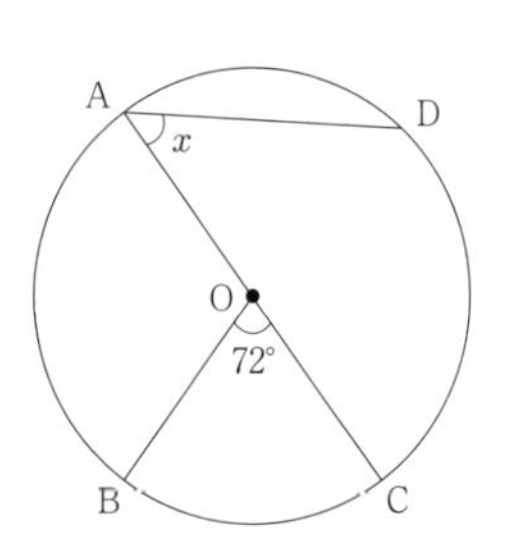

(2) 右の図のように，円Oの周上に4点A，B，C，Dがある。点Aと点B，点Aと点D，点Bと点C，点Cと点Dをそれぞれ結ぶ。$AB = BC$とし，点Cを含まない$\overset{\frown}{AB}$の長さが，点Bを含まない$\overset{\frown}{AD}$の長さの3倍であり，点Cを含まない$\overset{\frown}{AB}$の長さが，点Bを含まない$\overset{\frown}{CD}$の長さの6倍であるとき，xで示した$\angle BAD$の大きさは何度か。

(　　　　　)（東京都立新宿高）

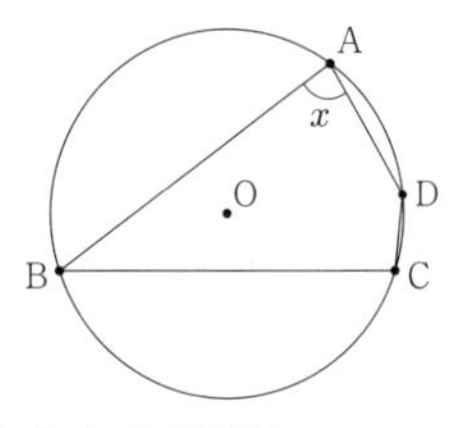

(3) 右の図の$\angle x$の大きさを求めなさい。

(　　　　　)（福井県）

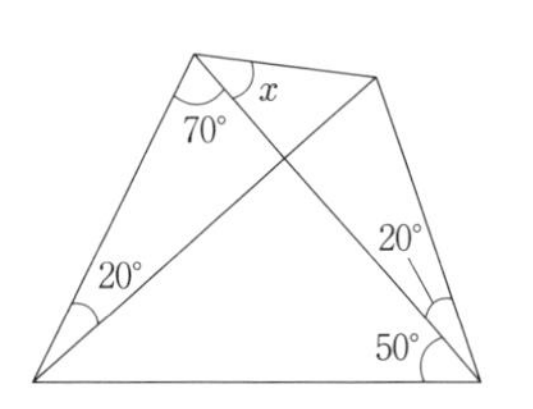

(4) 右の図で$\angle ACB = 80°$のとき，次の問いに答えなさい。（関大第一高）

① $\angle AEC$の大きさを求めなさい。(　　　　　)

② $\angle CDE$の大きさを求めなさい。(　　　　　)

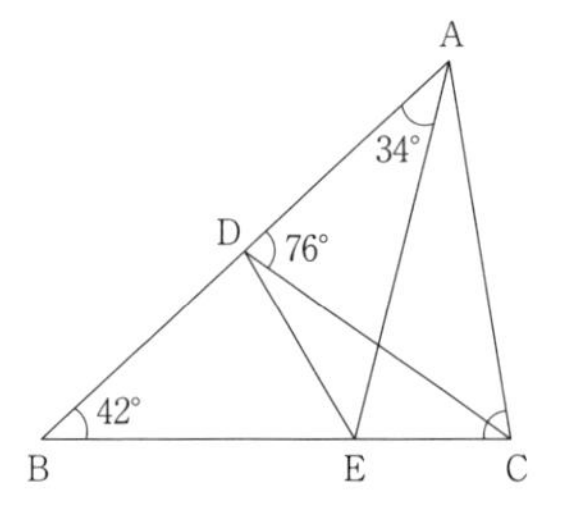

2 相似と多角形 近道問題

1 右の図で x の値を求めなさい。(　　　　)

(筑陽学園高)

2 右の図において，AB = 3，CD = 5，AB ∥ CD ∥ EF とする。△BEF の面積が 3 のとき，△CDE の面積を求めなさい。(　　　　)

(京都女高)

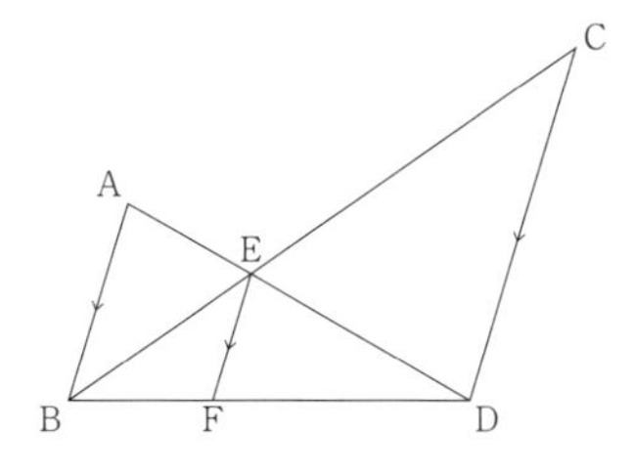

3 平行四辺形 ABCD において，辺 AB の中点を M，線分 AC と線分 BD の交点を E，線分 CM と線分 BD の交点を F とする。このとき，DE：EF：FB を求めなさい。(　　　　)　(東福岡高)

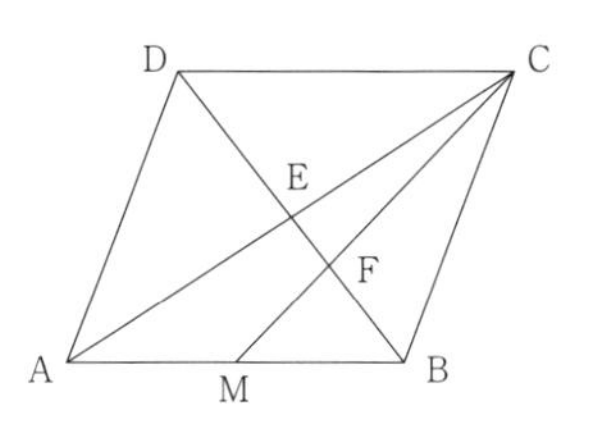

4 右の図のように，△ABC があり，辺 AB を 3 等分する点をそれぞれ D，E とし，辺 AC の中点を F とする。また，線分 BF と線分 CE の交点を G とする。DF = 8 cm のとき，線分 CG の長さは何 cm か。

(　　　　cm)（長崎県）

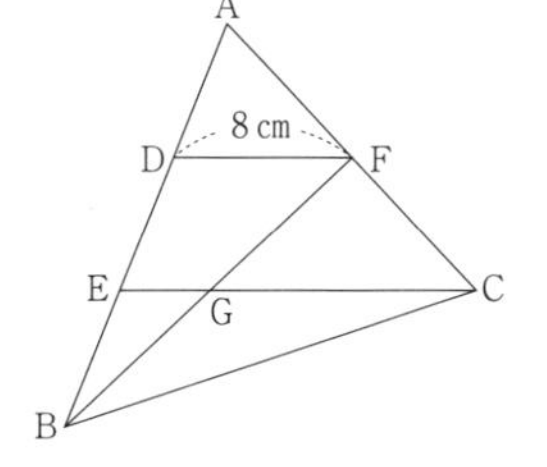

5 右の図のように，△ABCの辺BC上に点D，辺AC上に点Eをとり，線分ADとBEの交点をFとします。また，点Dを通り，線分BEに平行な直線と辺ACとの交点をGとします。BD：DC ＝ 2：1，BF：FE ＝ 6：1のとき，次の問いに答えなさい。（筑陽学園高）

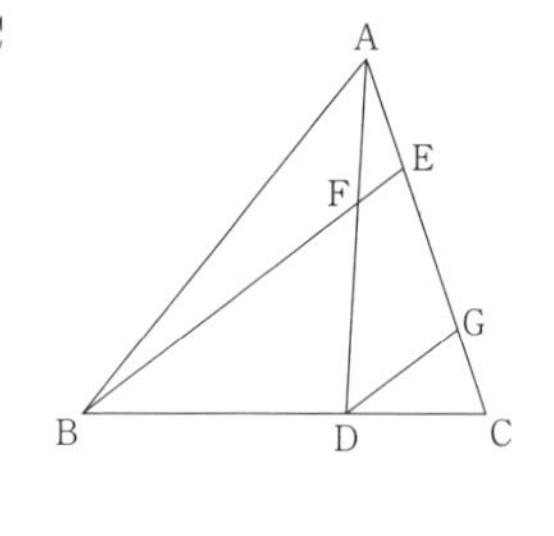

(1) DG：BEを最も簡単な整数の比で表しなさい。

（　　　　）

(2) AF：FDを最も簡単な整数の比で表しなさい。（　　　　）

(3) 四角形CEFDの面積は，△ABCの面積の何倍か求めなさい。

（　　　　倍）

6 右の図のように，AD ∥ BC，AD ＝ 5 cm，BC ＝ 10cmである台形ABCDがある。BCの中点をEとし，ACとDEの交点をF，BDとAEの交点をG，ACとBDの交点をHとする。このとき，次の問いに答えなさい。

（大阪女学院高）

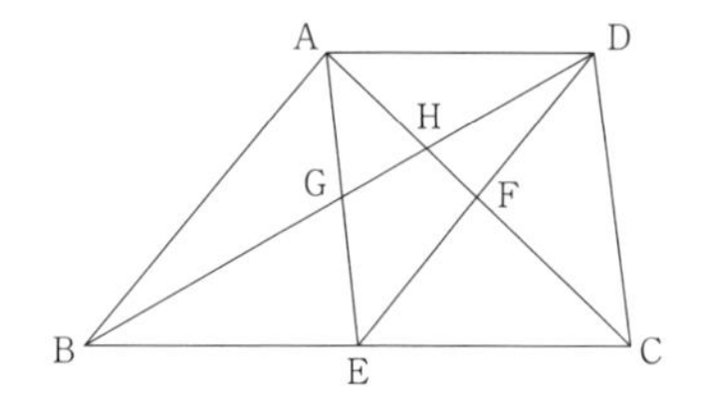

(1) AH：HCを求めなさい。（　　　　）

(2) AH：HF：FCを求めなさい。（　　　　）

(3) 四角形EFHGの面積が5 cm^2 であったとき，台形ABCDの面積を求めなさい。

（　　　　cm^2）

7 1辺の長さが10の正方形ABCDの辺BC，CD上にそれぞれ点P，Qを$PC = 2$，$\angle APB = \angle QPC$となるようにとります。さらに，辺DA，AB上にそれぞれ点R，Sを$\angle PQC = \angle RQD$，$\angle QRD = \angle SRA$となるようにとります。また，直線APと直線RSの交点をTとするとき，次の問いに答えなさい。 (浪速高)

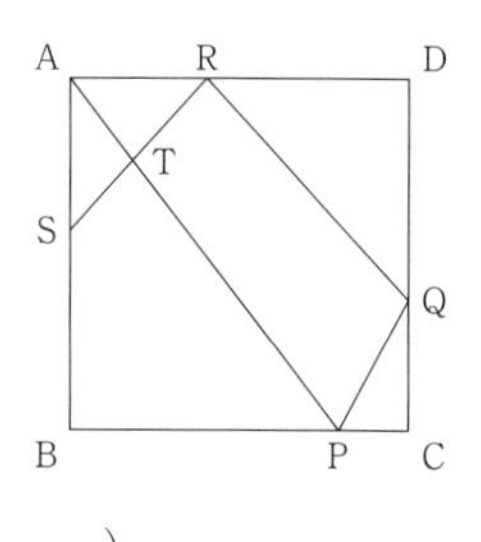

(1) △ABPと△QCPの面積の比を求めなさい。(　　　　)

(2) 線分ASの長さを求めなさい。(　　　　)

(3) 四角形PQRTの面積を求めなさい。(　　　　)

8 右の図のように，合同な2つの△ABCと△ADEが重なっている。$AB = AC = 5$ cm，$BC = 6$ cmで，辺BCの中点M，辺DEの中点Nはそれぞれ辺AD，辺AC上にある。また，△ABCの面積は12cm^2である。 (清風南海高)

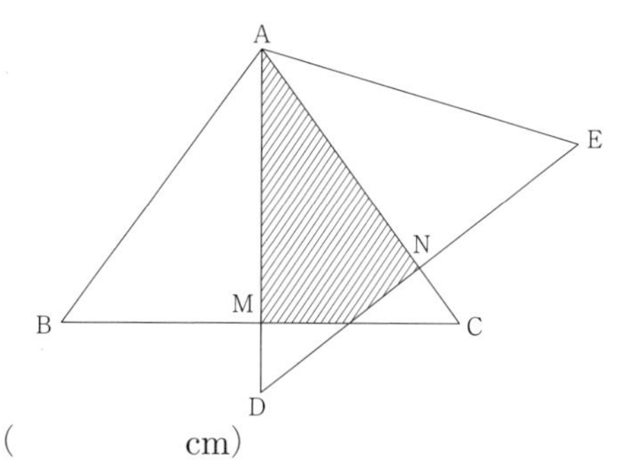

(1) 線分MDの長さを求めなさい。(　　　　cm)

(2) 斜線部分の面積を求めなさい。(　　　　cm^2)

9 右の図のように，AB = 15cm，AC = 10cm の△ABC がある。∠A の二等分線が辺 BC と交わる点を D，点 D を通り辺 AB に平行な直線と辺 AC との交点を E とする。点 E を通り，線分 AD に垂直な直線が辺 AB と交わる点を F とする。(天理高)

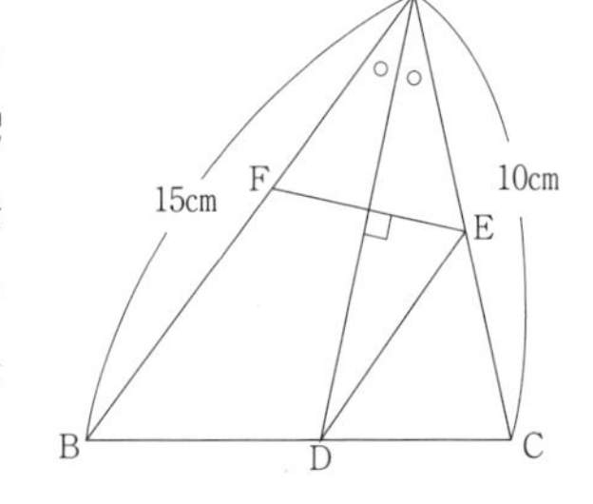

(1) 線分 BD と線分 DC の長さの比を最も簡単な整数の比で表しなさい。(　　　　　)

(2) 線分 FB の長さを求めなさい。(　　　　　　cm)

(3) △AED の面積は△ABC の面積の何倍か求めなさい。(　　　　　　倍)

10 右の図のような，長方形 ABCD があります。点 P は点 A を出発して，辺 AB 上を毎秒 1 cm の速さで点 B まで動きます。また，点 Q は点 P と同時に点 D を出発して，辺 DA 上を毎秒 2 cm の速さで点 A まで動きます。(早稲田摂陵高)

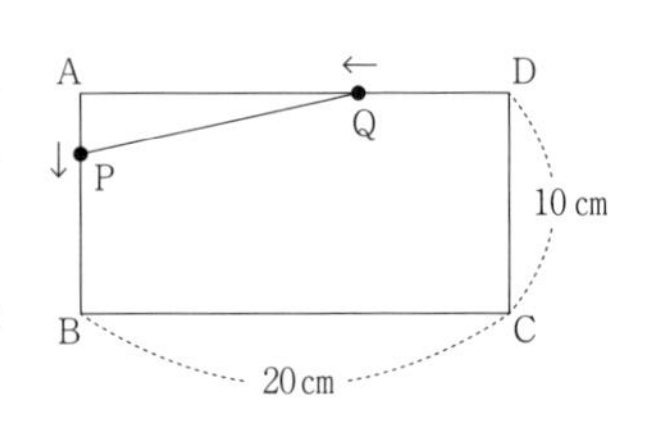

(1) 点 P が点 A を出発してから x 秒後の AQ の長さを求めなさい。

(　　　　　　cm)

(2) △APQ の面積が 10cm^2 になるのは，点 P が点 A を出発してから何秒後と何秒後か求めなさい。(　　　　　秒後と　　　　秒後)

(3) 対角線 AC を引き，直線 PQ との交点を R とします。△APR と△AQR の面積が等しくなるのは，点 P が点 A を出発してから何秒後か求めなさい。

(　　　　　　秒後)

(4) (3)のとき，AR：RC をもっとも簡単な整数の比で表しなさい。

(　　　　　)

3 相似と円

近道問題

1 円に内接する四角形ABCDがあり，図のように直線AB，DCの交点をPとする。AB = 5cm，PA = 4cm，PD = 3cm，∠BCD = 60°である。

（箕面自由学園高）

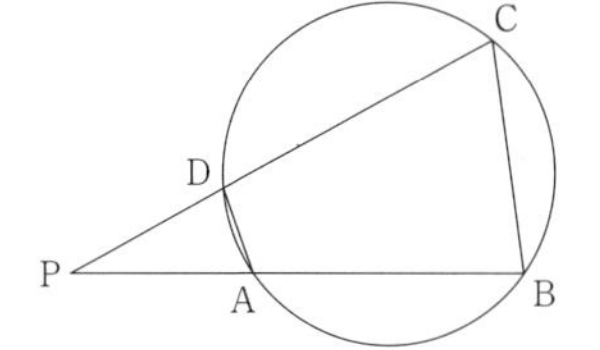

(1) ∠BADの大きさを求めなさい。(　　　　)

(2) 辺CDの長さを求めなさい。(　　　　cm)

2 半径13cmの円O上に図のように4点A，B，C，Dをとる。BDは円の直径，DA = DC，BD ⊥ ACである。このとき，xの値を求めなさい。(　　　　)

（同志社国際高）

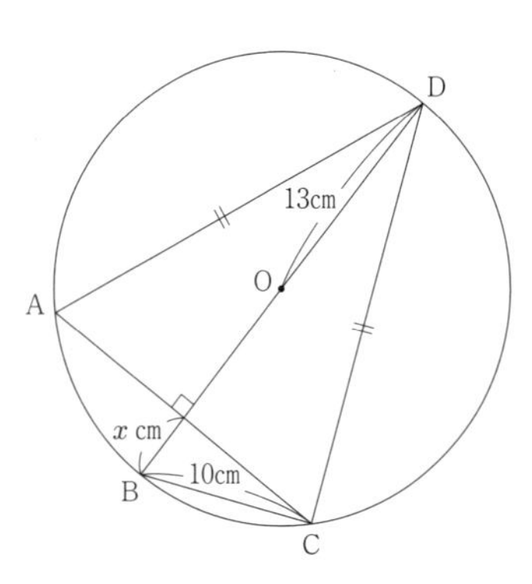

3 右の図の円において，AP = 3，BP = 6，CD = 11，PC < PDである。PDの長さを求めなさい。

(　　　　)（京都教大附高）

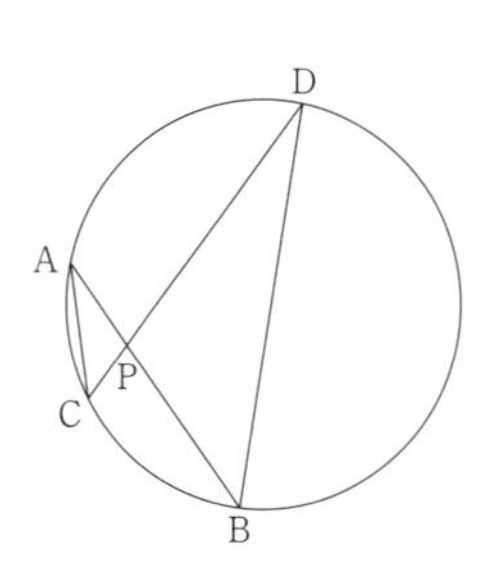

4 右の図のように，直線 AT は AB を直径とする円 O 上の点 A における接線である。円 O の周上に AD ∥ CO となるように 2 点 C および D をとる。また，OA と CD の交点を E とする。AB の長さを 8 とし，∠CAT を 36° とする。（橿原学院高）

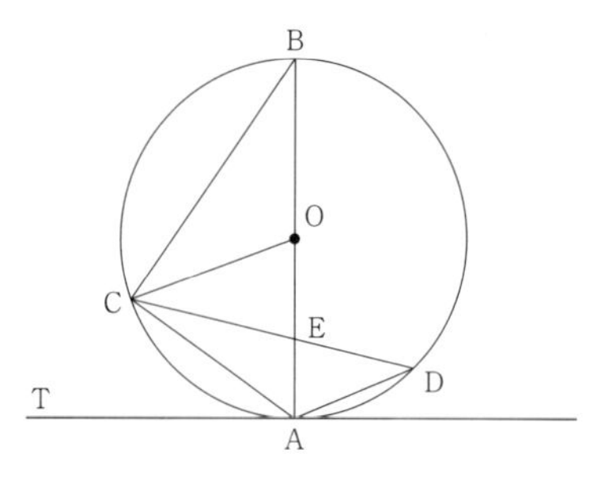

(1) ∠AOC の角度を求めなさい。

（　　　　）

(2) ∠ACD の角度を求めなさい。（　　　　）

(3) OE の長さを求めなさい。（　　　　）

(4) CD の長さを求めなさい。（　　　　）

5 右の図で，4 点 A，B，C，D は円 O の円周上にある。また，点 B を通り線分 CD に平行な直線と直線 AD との交点を E とする。（筑陽学園高）

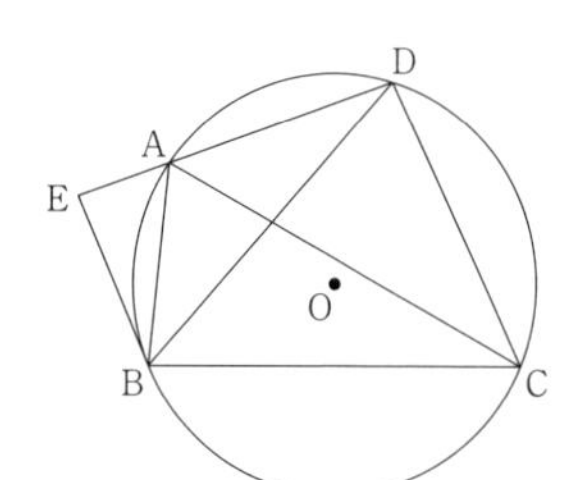

(1) ∠ABC = 80°，∠BAC = 65° のとき，

① ∠ADB の大きさを求めなさい。（　　　　）

② ∠DEB の大きさを求めなさい。（　　　　）

(2) AE = 2 cm，BE = 3 cm，AB：BC = 1：2 のとき，線分 AD の長さを求めなさい。（　　　　cm）

6 右の図のように，AB，AC をそれぞれ直径とする２つの半円 O，O′ がある。点 C から半円 O にひいた接線の接点を P とし，CP の延長と半円 O′ との交点を Q とする。（奈良大附高）

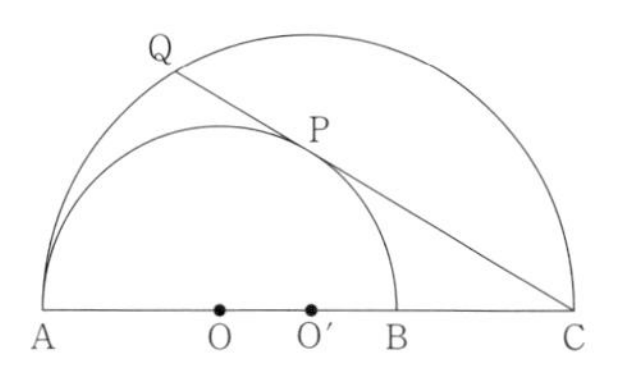

(1) ∠APQ ＝ 58° のとき，∠ACP の大きさを求めなさい。（　　　　　）

(2) AB ＝ 4 cm，AC ＝ 7 cm のとき，△ABP と△ACQ の面積比を最も簡単な整数の比で表しなさい。（　　　　　）

7 右の図のように，円周上の３点 A，B，C を頂点とする△ABC があり，AB ＝ 4，BC ＝ 5，CA ＝ 6 である。点 D は辺 BC 上の点で，AD は∠A の二等分線である。直線 ℓ は円の接線であり，BC // ℓ である。辺 AB，線分 AD，辺 AC の延長線と ℓ との交点をそれぞれ E，F，G とする。このとき点 F は直線 ℓ と円の接点である。（近江高）

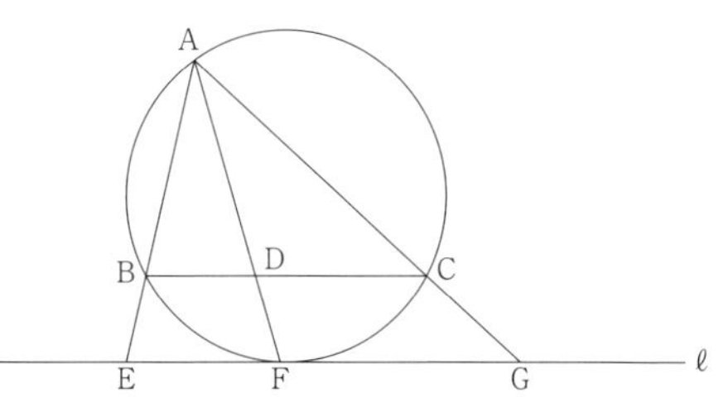

(1) 線分 BD の長さを求めなさい。（　　　　　）

(2) 線分 BE の長さを求めなさい。（　　　　　）

(3) 線分 AF の長さを求めなさい。（　　　　　）

4 相似と空間図形 近道問題

1 相似な2つの立体F，Gがある。FとGの相似比が3：5であり，Fの体積が$81\pi \text{cm}^3$のとき，Gの体積を求めなさい。（　　　　　cm^3）（佐賀県）

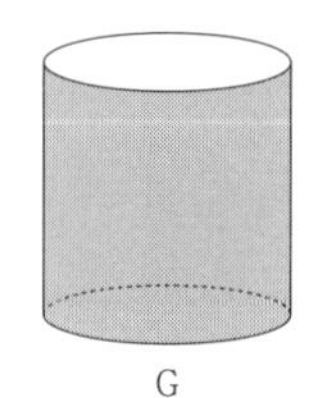

2 右の図において，四角形ABCDはAD∥BCの台形であり，∠ADC＝∠DCB＝90°，AD＝2cm，BC＝DC＝3cmである。四角形ABCDを直線DCを軸として1回転させてできる立体の体積は何cm^3ですか。（　　　　　cm^3）（大阪府）

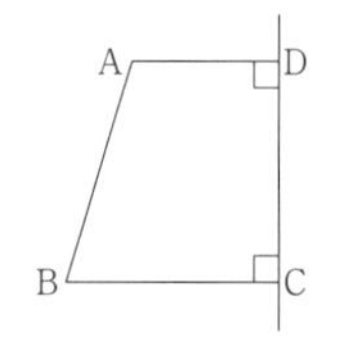

3 右の図のように，円錐の高さを3等分する点をP，Qとする。点Oは円錐の底面の円の中心である。点P，Qを通り底面に平行な2つの面で，この立体を3つの部分に分け，それぞれを立体A，B，Cとする。

（大阪産業大附高）

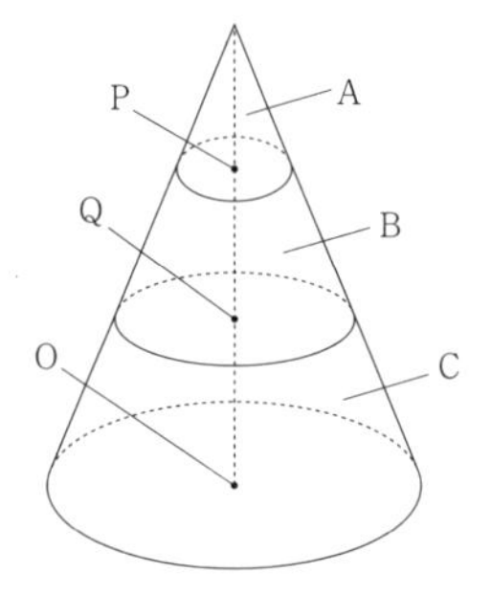

(1) 円Pと円Oの半径の比を求めなさい。

（　　　　　）

(2) 円Qと円Oの面積比を求めなさい。（　　　　　）

(3) 立体Aと立体Bの体積の和が$25\pi \text{cm}^3$であるとき，立体Cの体積を求めなさい。（　　　　　cm^3）

(4) 立体Bの体積が$25\pi \text{cm}^3$であるとき，立体Cの体積を求めなさい。

（　　　　　cm^3）

4 右の図のように，四角柱 ABCD—EFGH は側面がすべて長方形であり，AE = 11，AD = 8，BC = 6，AB = CD，AD ∥ BC，AC ⊥ BD となっています。線分 AC と線分 BD の交点を P とし，線分 AG と線分 PE の交点を Q とします。辺 AD の中点を M とするとき，次の問いに答えなさい。 (履正社高)

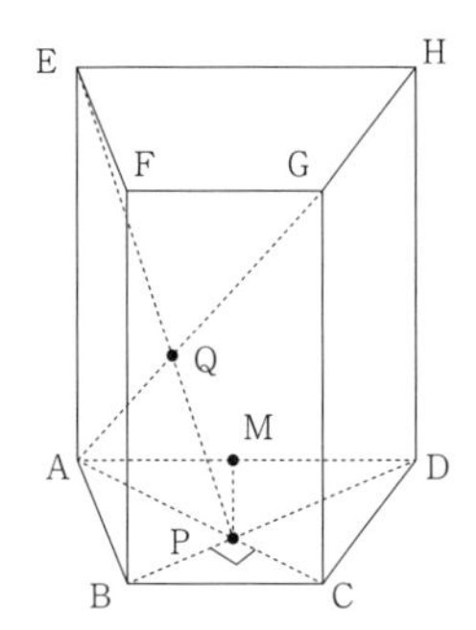

(1) △APM の面積を求めなさい。(　　　　)

(2) 四角形 ABCD の面積を求めなさい。(　　　　)

(3) 四角錐 Q—ABCD の体積を求めなさい。(　　　　)

5 右の図のように，AB = 4 cm，BC = 5 cm，CA = 3 cm，∠BAC = 90° の△ABC を底面とする，AD = 5 cm の三角柱があります。 (筑陽学園高)

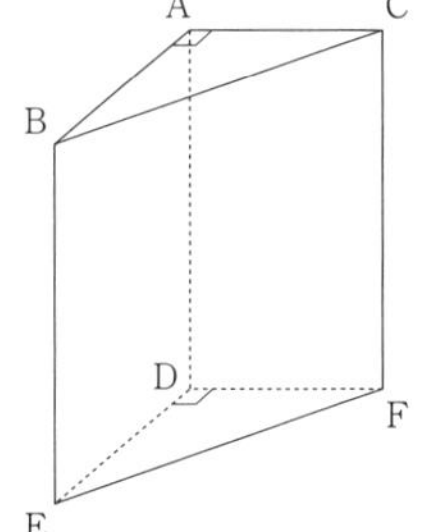

(1) この三角柱の体積を求めなさい。(　　　　cm^3)

(2) 点 A から辺 BC，EF を通り点 D までひもをかけます。ひもの長さが最も短くなるとき，その長さを求めなさい。

(　　　　cm)

(3) この三角柱の面 ABED を，直線 CF を軸として 1 回転させてできる立体の体積を求めなさい。(　　　　cm^3)

5 相似の証明

近道問題

1 3辺の長さが異なる△ABCの∠Aの二等分線と辺BCとの交点をDとし，点B，Cからそれぞれ直線ADに垂線BH，CKをひく。

（大阪夕陽丘学園高）

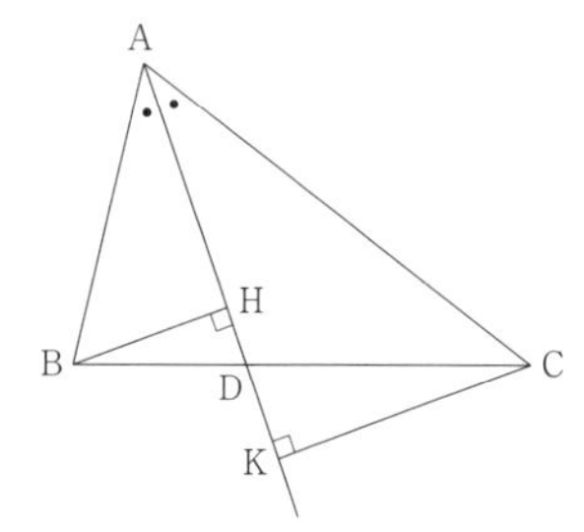

(1) △ACKと相似な三角形，△CDKと相似な三角形の組み合わせとして適切なものを1つ選びなさい。（　　　）

	ア	イ	ウ	エ
△ACKと相似	△ABH	△ABH	△BDH	△ABD
△CDKと相似	△BDH	△ABD	△ABH	△BDH

(2) 前問の2組の三角形が相似であるとそれぞれ証明するときに用いる三角形の相似条件として，最も適切であるものを1つ選びなさい。（　　　）

ア　3組の辺の比がすべて等しい

イ　2組の辺の比とその間の角がそれぞれ等しい

ウ　2組の角がそれぞれ等しい

エ　2組の辺がそれぞれ等しい

2 右の図のように，△ABCの辺AB上に点D，辺BC上に点Eがあり，∠BAE = ∠BCD = 40°とします。線分AEと線分CDとの交点を点Fとします。次の問いに答えなさい。（北海道）

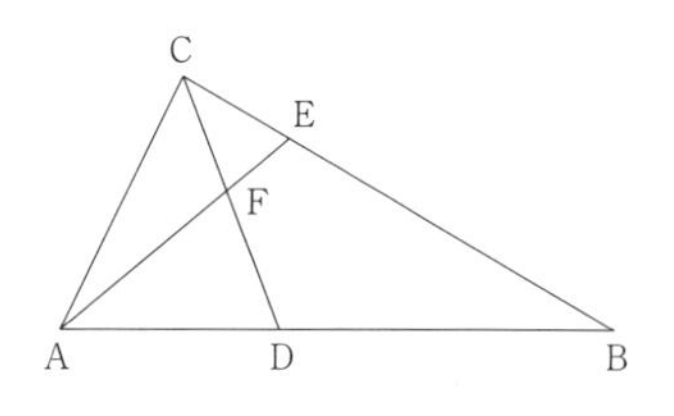

(1) ∠AFC = 115°のとき，∠ABCの大きさを求めなさい。（　　　）

(2) △ABC∽△EBDを証明しなさい。

（　　　）

3 右の図において，正三角形ABCの辺と正三角形DEFの辺の交点をG，H，I，J，K，Lとするとき，△AGL∽△BIHであることを証明しなさい。

（鹿児島県）

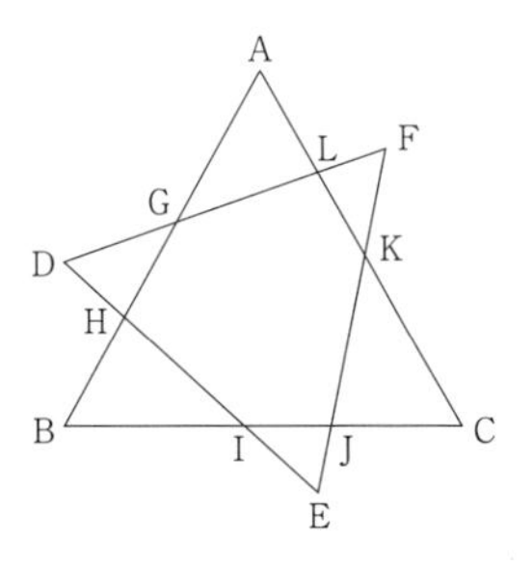

4 右の図のように，正方形ABCDの紙を，EFを折り目として頂点Aが辺DC上にくるように折る。線分ABと線分CFとの交点をGとするとき，△FBG∽△EDAとなることを証明しなさい。（西大和学園高）

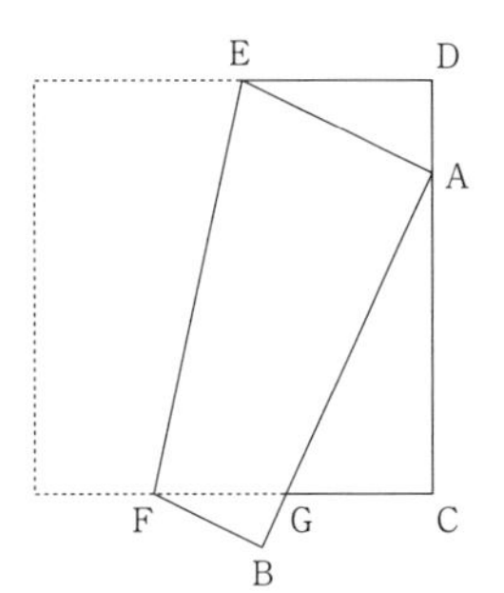

5 右の図のように，円Oと接線ATがある。線分CTは円Oの直径であり，線分ACと円Oとの交点をBとする。また，AB = 2，BC = 3とする。このとき，次の問いに答えなさい。（大阪青凌高）

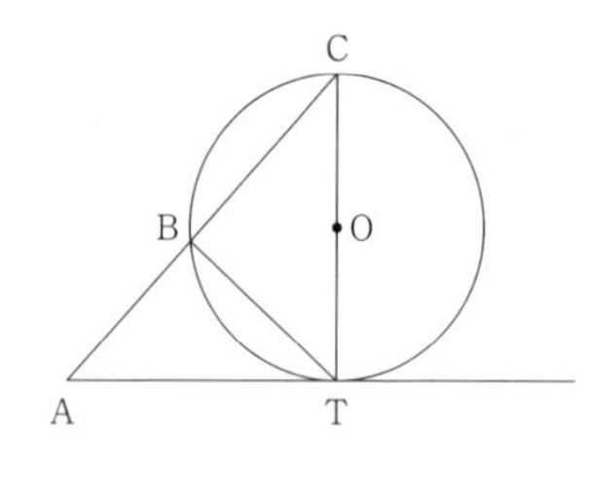

(1) △ATB ∽ △ACT を証明しなさい。

(   )

(2) ATの長さを求めなさい。(   )

6 右の図のように，△ABCと，その3つの頂点を通る円Oがある。点Aを含まない方の$\overset{\frown}{BC}$上に点Pをとり，APとBCの交点をQ，点QからABに平行に引いた直線とACとの交点をRとする。△PCB ∽ △RQAであることを次のように証明した。[(1)]～[(4)]にあてはまるものをあとのア～サの中から選び，記号で答えなさい。（滝川高）

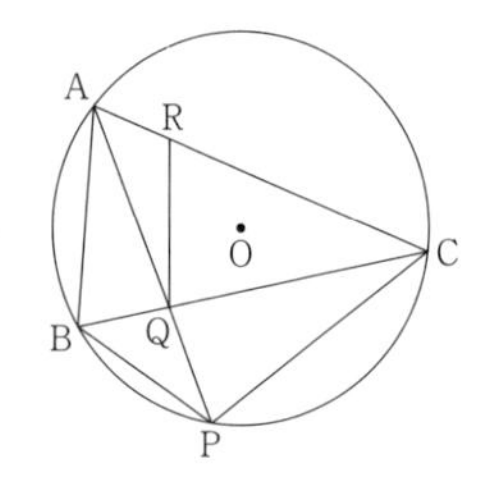

(1)(   ) (2)(   ) (3)(   ) (4)(   )

［証明］ △PCBと△RQAにおいて，

同じ弧に対する円周角だから，∠PBC = [(1)]……①

同様に，∠PCB = [(2)]

AB ∥ RQより，[(3)]が等しいから，[(2)] = ∠RQA

よって，∠PCB = ∠RQA……②

①，②より[(4)]から，△PCB ∽ △RQA

ア ∠ABC　イ ∠AQB　ウ ∠APC　エ ∠RAQ

オ ∠PAB　カ 対頂角　キ 同位角　ク 錯角

ケ 2組の辺の比とその間の角がそれぞれ等しい

コ 2組の角がそれぞれ等しい

サ 3組の辺の比がすべて等しい

7 右の図において，4点A，B，C，Dは円Oの円周上の点であり，△ACDはAC = ADの二等辺三角形である。また，$\overset{\frown}{BC}=\overset{\frown}{CD}$である。$\overset{\frown}{AD}$上に∠ACB = ∠ACEとなる点Eをとる。ACとBDとの交点をFとする。このとき，次の問いに答えなさい。 (静岡県)

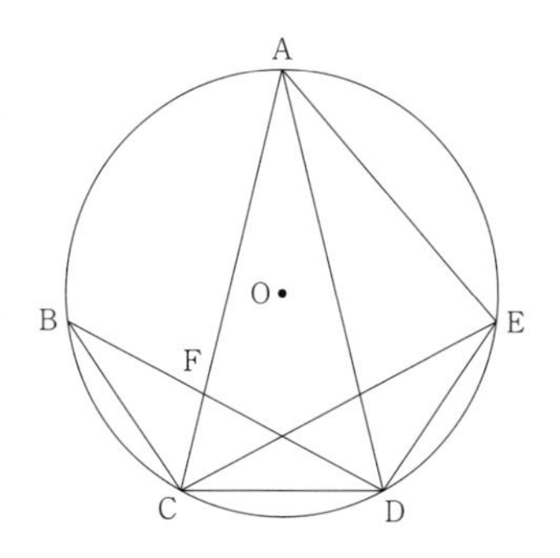

(1) △BCF ∽ △ADEであることを証明しなさい。

[　　　　　　　　　　　　　　　　　　　　]

(2) AD = 6 cm，BC = 3 cmのとき，BFの長さを求めなさい。

(　　　　　cm)

8 右の図のように，四角形ABCDが辺ABを直径とする円に内接している。2つの対角線AC，BDの交点をEとし，△AEDの外接円と辺ABの交点のうちAではない方をFとする。次の問いに答えなさい。 (白陵高)

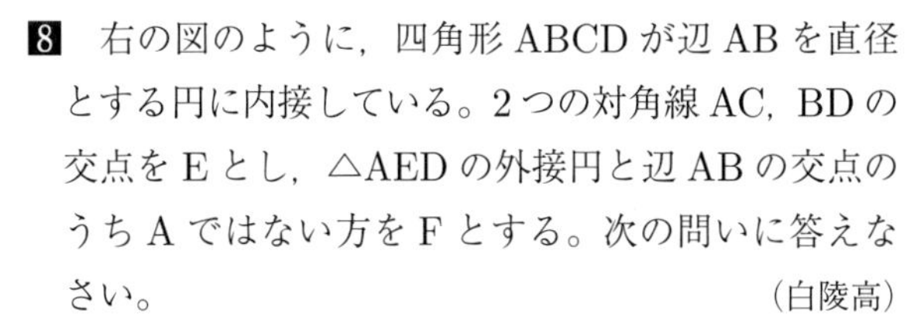

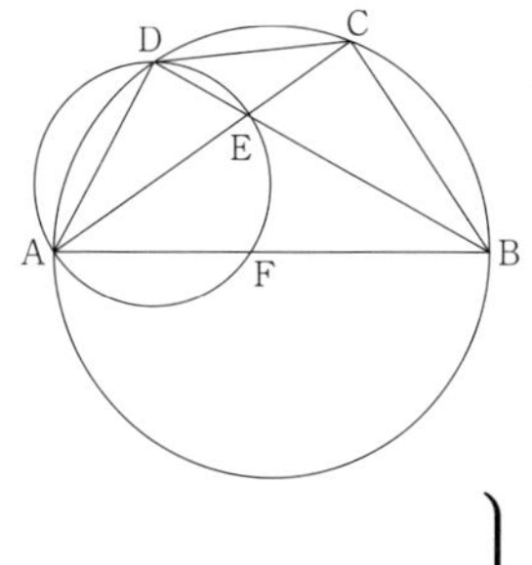

(1) △AFE ∽ △ACBを証明しなさい。

[　　　　　　　　　　　　　　　　　　　　]

(2) AB = 5であるとき，AC × AE + BD × BEの値を求めなさい。

(　　　　　)

6 三平方の定理と多角形 近道問題

1 右の図のような∠A ＝ 90°の直角三角形 ABC において，AB ＝ 2 cm，CA ＝ 3 cm である。辺 BC の長さを求めなさい。（　　　　　cm）　　（群馬県）

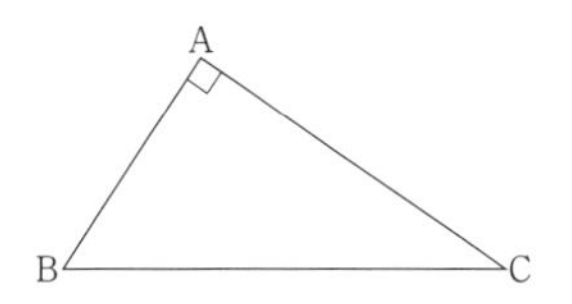

2 右の図において，x と y の値を求めなさい。ただし，四角形 ABCD は長方形で，FE ＝ FD である。

x ＝（　　　　　）　y ＝（　　　　　）

（大阪偕星学園高）

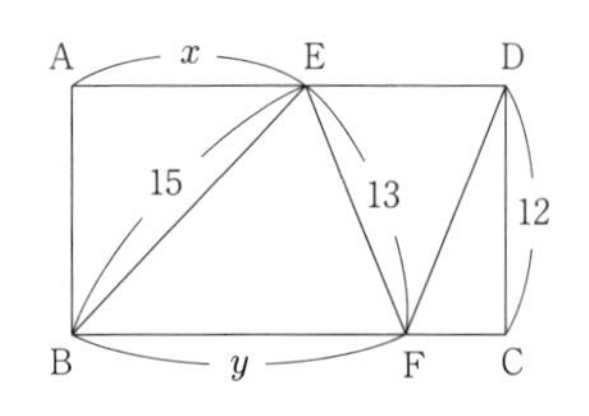

3 右の図の x の値はいくらか。（　　　　　）

（大阪夕陽丘学園高）

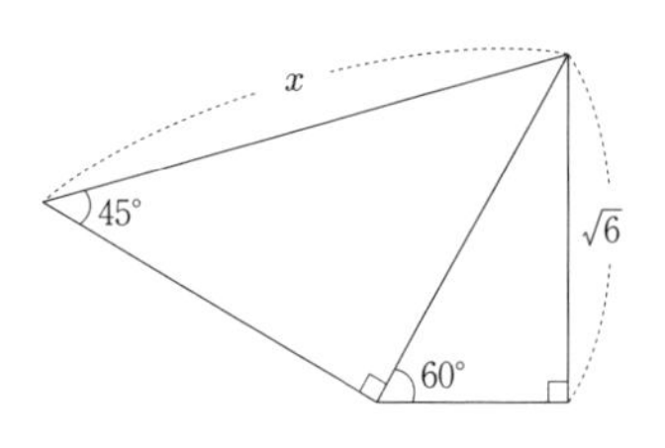

4 右の図の△ABC は正三角形である。このとき，AD の長さを求めなさい。ただし，∠EBC ＝ 30°，∠BED ＝ 60°，BC ＝ 4 cm である。（　　　　　cm）

（福岡大附若葉高）

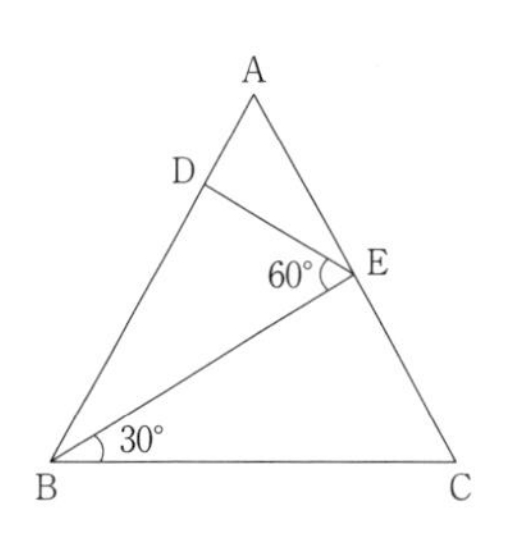

5 右の図のような，$\angle ACB = 90^\circ$ の直角三角形 ABC がある。$\angle ABC$ の二等分線をひき，辺 AC との交点を D とする。また，点 C を通り，辺 AB に平行な直線をひき，直線 BD との交点を E とする。

AB = 5 cm，BC = 3 cm であるとき，線分 BE の長さは何 cm か。（　　　　　　cm）　　　　（香川県）

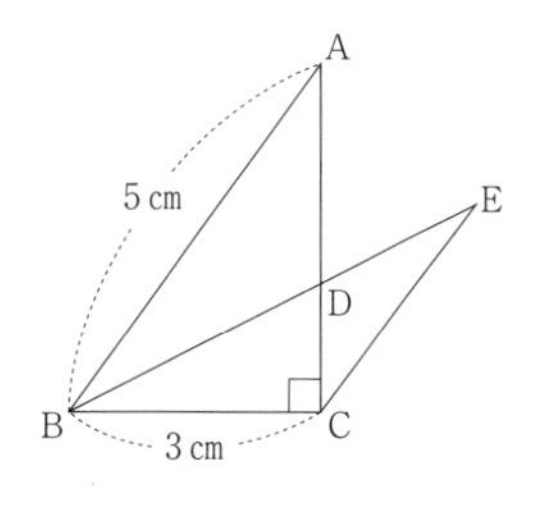

6 右の図のように，1 辺が 1 の正方形 ABCD の辺上に△DEF が正三角形になるように 2 点 E，F をとる。このとき，BF の長さを求めなさい。

（　　　　　）（東海大付大阪仰星高）

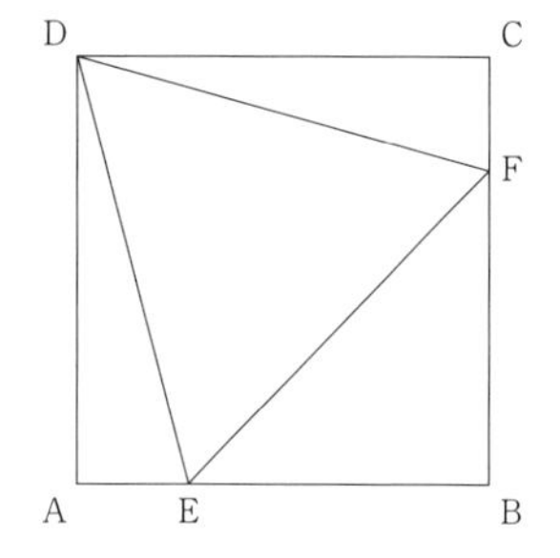

7 右の図で，四角形 ABCD は，AD // BC，$\angle ADC = 90^\circ$ の台形である。E は辺 DC 上の点で，DE : EC = 2 : 1 であり，F は線分 AC と EB との交点である。AD = 2 cm，BC = DC = 6 cm のとき，次の問いに答えなさい。　　　　（愛知県）

(1) 線分 EB の長さは何 cm か，求めなさい。

（　　　　　cm）

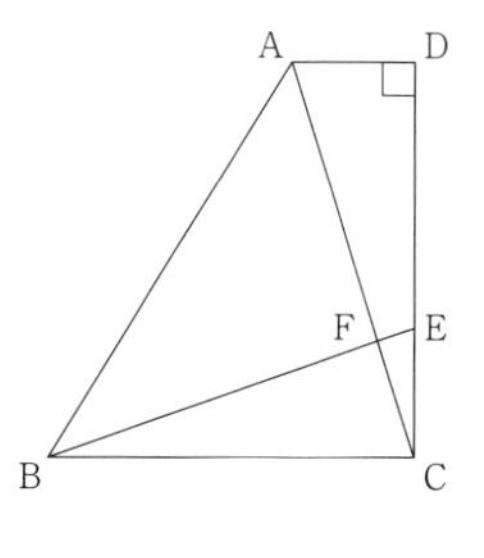

(2) △ABF の面積は何 cm^2 か，求めなさい。（　　　　　　cm^2）

8 右の図のように，AD∥BCの台形ABCDがあり，AB = CD = 6 cm，AC = 8 cm，∠BAC = 90°である。線分ACと線分BDの交点をEとする。また，辺BC上に点Fを，BF：FC = 3：2となるようにとり，線分AC上に点Gを∠BFG = 90°となるようにとる。

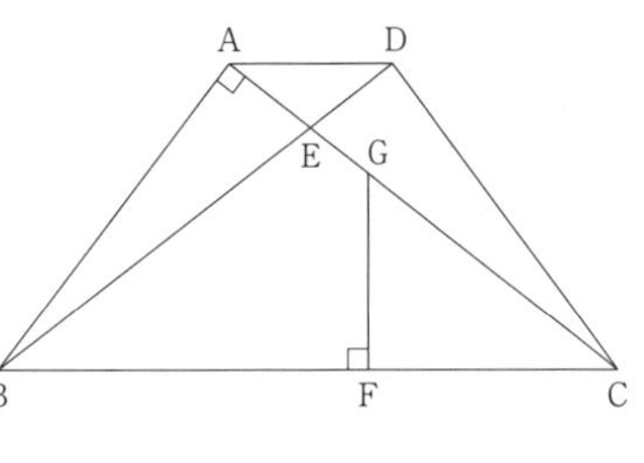

（京都府）

(1) 点Aと辺BCとの距離を求めなさい。また，辺ADの長さを求めなさい。

距離（　　　　　　cm）　AD =（　　　　　　cm）

(2) AG：GCを最も簡単な整数の比で表しなさい。（　　　　　　）

(3) △DEGの面積を求めなさい。（　　　　　　cm^2）

9 右の図のように，∠ABC = ∠DCB = 90°の台形ABCDがある。点Eは辺BC上の点で，BE = 3 cm，EC = 2 cm，∠BAE = ∠CDE = 45°である。また，AEとBDの交点をFとし，AEを延長した直線とDCを延長した直線の交点をGとする。（清風高）

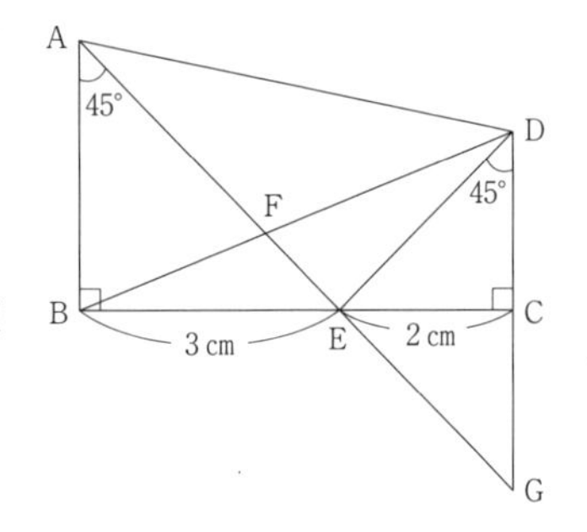

(1) AGの長さを求めなさい。（　　　　　　cm）

(2) BF：FDを最も簡単な整数の比で表しなさい。（　　　　　　）

(3) △FEDの面積を求めなさい。また，FEの長さを求めなさい。

面積（　　　　　　cm^2）　長さ（　　　　　　cm）

(4) FDの中点をHとするとき，EHの長さを求めなさい。（　　　　　　cm）

10 右の図のように長方形 ABCD を点 D が点 B に重なるように線分 EF で折るとき，重なる部分の面積を求めなさい。(　　　　　)　　(大阪桐蔭高)

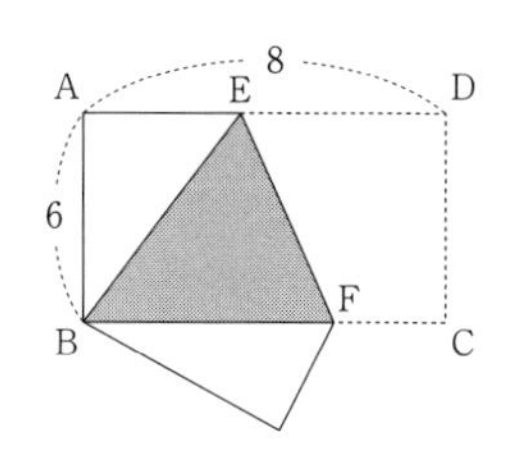

11 右の図1のように，辺 AC を斜辺とし，AB = BC = 1 cm の直角二等辺三角形 ABC と，1 辺の長さが 1 cm の正方形 PQRS があり，2 つの図形の辺 BC，QR は直線 ℓ 上にある。△ABC を直線 ℓ にそって矢印の方向に移動させ，辺 AC と辺 PQ が交わったときの交点を D とする。次の問いに答えなさい。　　(福岡大附大濠高)

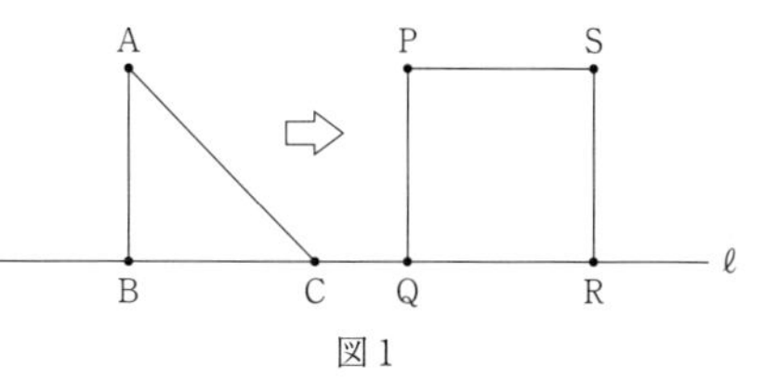

図 1

(1) 右の図2のように，点 C が辺 QR の中点にきたとき，△CSD の面積を求めなさい。

(　　　　　)

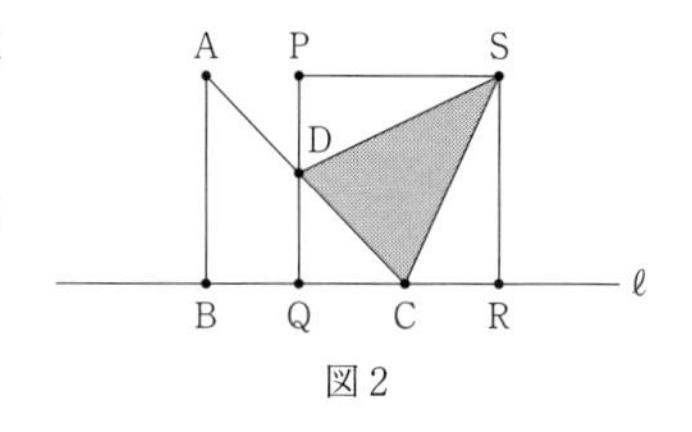

図 2

(2) 右の図3のように，∠CSD = 60° になったとき，線分 CD の長さを求めなさい。

(　　　　　)

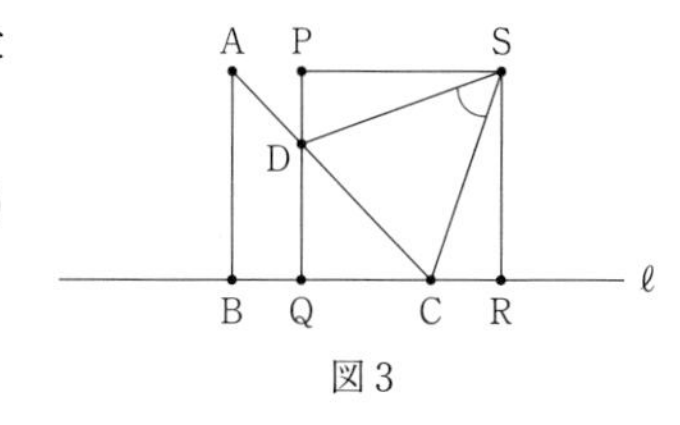

図 3

7 三平方の定理と円 近道問題

1 右の図は，1辺17cmの正方形ABCDの辺BC上の点Oを中心として，半径13cmの円をかいたものである。この図形について，影のついた部分の面積を求めなさい。ただし，BO = 5cmとする。

（　　　　　cm²）（神戸星城高）

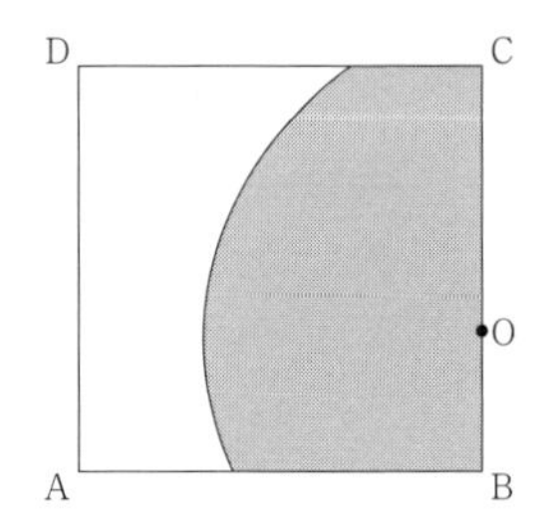

2 右の図のように，半径2cmの円Oがあり，その外部の点Aから円Oに接線をひき，その接点をBとする。また，線分AOと円Oとの交点をCとし，AOの延長と円Oとの交点をDとする。∠OAB = 30°のとき，次の問いに答えなさい。（栃木県）

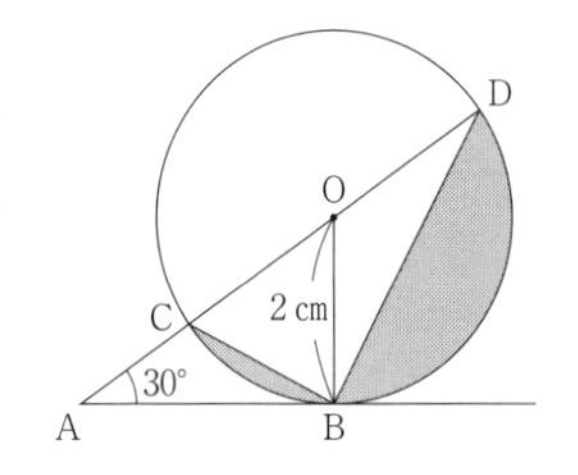

(1) ADの長さを求めなさい。（　　　　cm）

(2) Bを含む弧CDと線分BC，BDで囲まれた色のついた部分（▭の部分）の面積を求めなさい。（　　　　cm²）

3 右の図のように，長方形と2つの円がそれぞれ接している。円の半径を共にrとするとき，次の問いに答えなさい。

（神戸弘陵学園高）

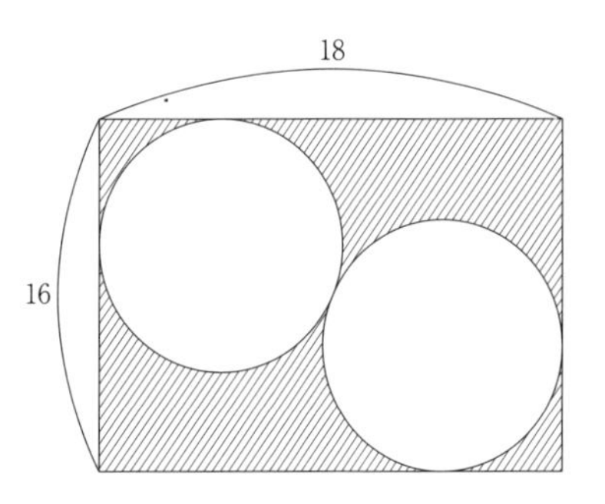

(1) 2つの円の半径rを求めなさい。

（　　　　）

(2) 斜線部分の面積を求めなさい。

（　　　　）

4 右の図のように，中心がOで半径が3の円と中心がAで半径が1の円が接していて，直線mは2つの円に接している。このとき，図の斜線部分の面積を求めなさい。

(　　　　　)（白陵高）

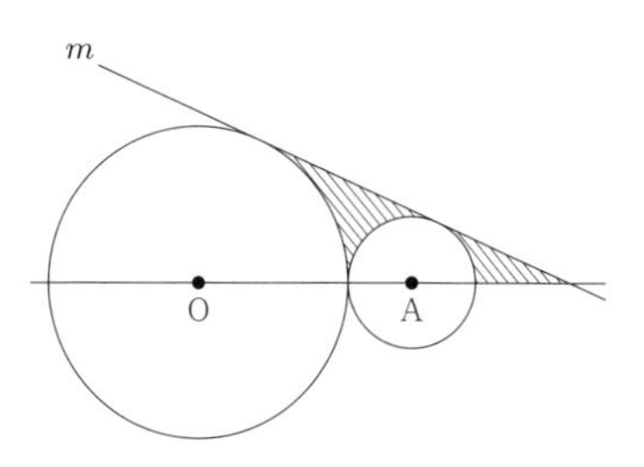

5 右の図で，点Oを中心とする半円の半径は3cmです。また，BDは4cmでBM = DMです。直線AMと半円の交点をCとするとき，線分CMの長さを求めなさい。(　　　　　cm)　（仁川学院高）

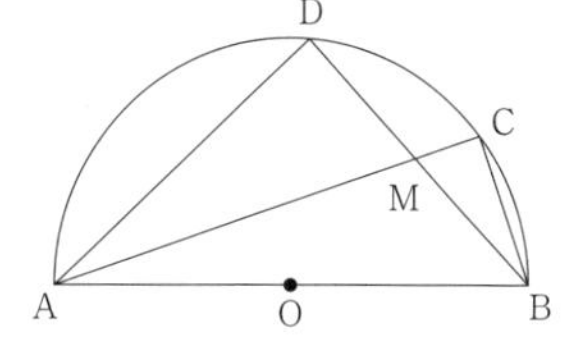

6 右の図において，四角形ABCDは1辺の長さが4の正方形で，BP：PC = 1：3である。円Oが辺AB，ADおよび線分DPに接するとき，次の問いに答えなさい。（綾羽高）

(1) 線分BPの長さを求めなさい。(　　　　　)

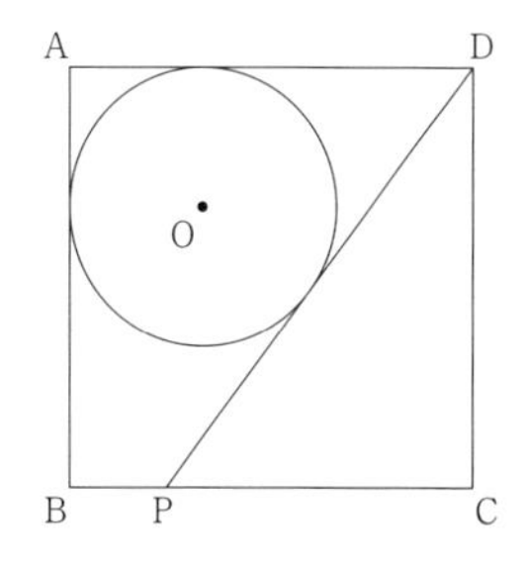

(2) 線分DPの長さを求めなさい。(　　　　　)

(3) 円Oの半径を求めなさい。(　　　　　)

7 右の図のように，半径が2cmの円Oがあり，その円周を八等分する点を付け加えました。色を付けた部分の図形について，次の問いに答えなさい。

（清明学院高）

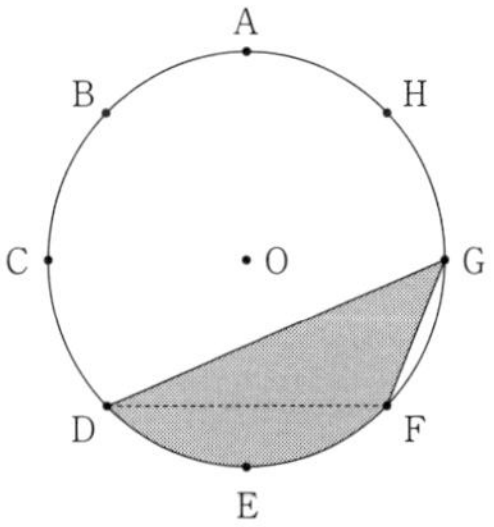

(1) ∠DGFの大きさを求めなさい。（　　　　）

(2) 弧DFの長さを求めなさい。（　　　　cm）

(3) 線分DFの長さを求めなさい。（　　　　cm）

(4) 色を付けた部分の面積を求めなさい。（　　　　cm^2）

8 右の図のように，半径6cm，中心角60°のおうぎ形OABの$\overset{\frown}{AB}$上に点Pがある。点PからOA，OBにそれぞれ垂線PQ，PRを引く。$PQ = 3\sqrt{2}$cmのとき，（清風南海高）

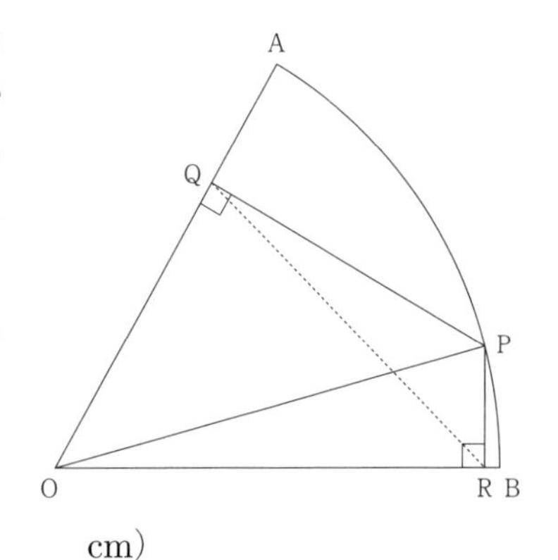

(1) ∠POBの大きさを求めなさい。

（　　　　）

(2) 線分QRの長さを求めなさい。（　　　　cm）

9 右の図のように，円Oの円周上の4点A，B，C，Dを頂点とする四角形ABCDがある。辺ABは円Oの直径であり，AB = 10，BD = 6である。また，OC ∥ ADで，直線ABと直線CDの交点をEとし，BDとOCの交点をFとする。このとき，次の問いに答えなさい。　（近大附高）

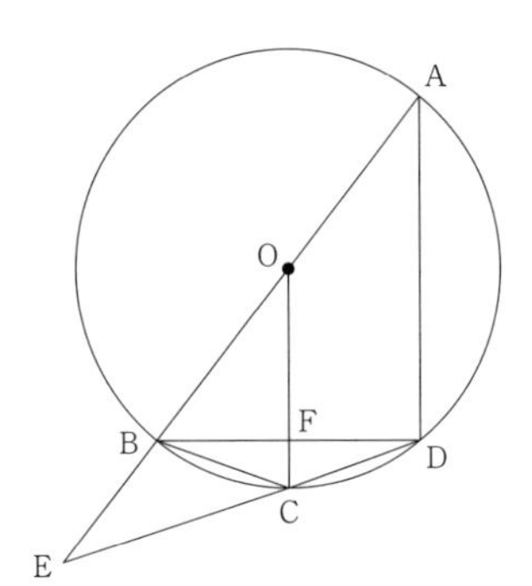

(1) 線分ADの長さを求めなさい。(　　　　　)

(2) 線分BCの長さを求めなさい。(　　　　　)

(3) 線分BEの長さを求めなさい。(　　　　　)

(4) △BECの面積を求めなさい。(　　　　　)

10 AB = 7の鋭角三角形ABCが右の図のように直径9の円に内接している。点Aを含まない方の$\overset{\frown}{BC}$にADが直径となるように点Dを定める。このとき，次の問いに答えなさい。（近江高）

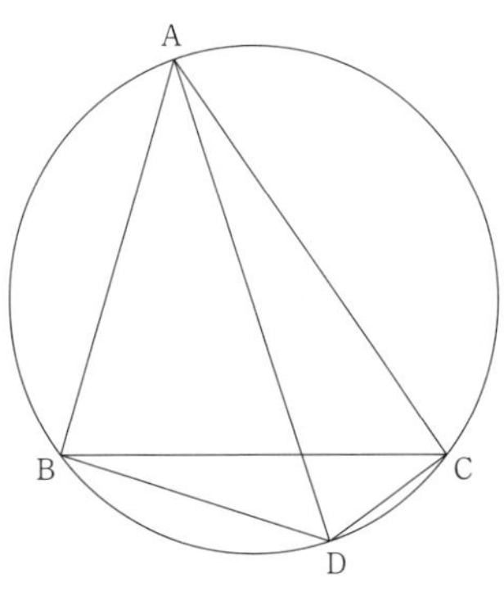

(1) BDの長さを求めなさい。(　　　　　)

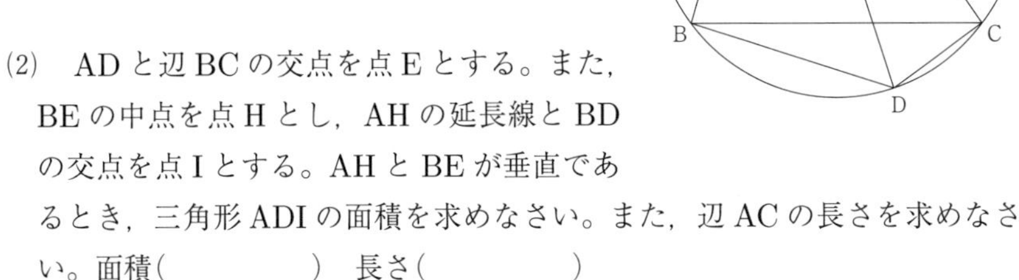
(2) ADと辺BCの交点を点Eとする。また，BEの中点を点Hとし，AHの延長線とBDの交点を点Iとする。AHとBEが垂直であるとき，三角形ADIの面積を求めなさい。また，辺ACの長さを求めなさい。面積(　　　　　)　長さ(　　　　　)

8 三平方の定理と空間図形 近道問題

1 右の図は，1辺の長さが10cmである立方体ABCD―EFGHである。辺FGの中点をMとするとき，線分DMの長さを求めなさい。（　　　　cm）　（三田学園高）

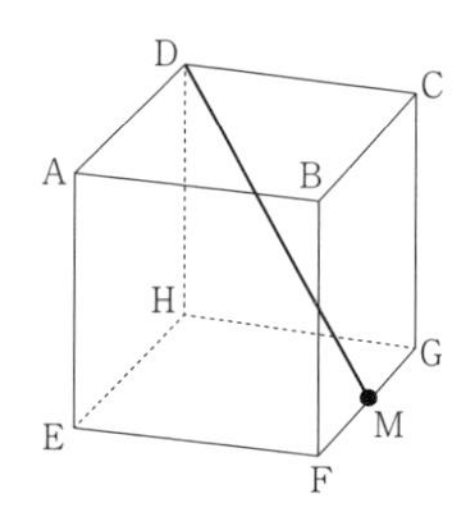

2 右の図は，1辺の長さが6cmの立方体である。辺FGの中点をPとするとき，次の問いに答えなさい。

（青森県）

(1) 辺EF上にQF = 4cmとなる点Qをとるとき，三角錐BQFPの体積を求めなさい。

（　　　　cm^3）

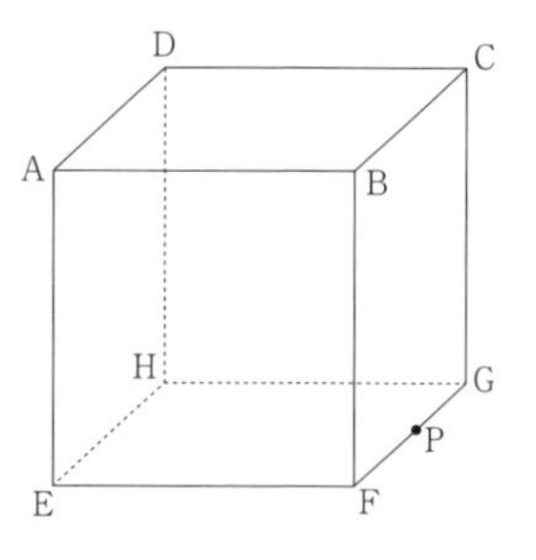

(2) 辺AEの中点をRとするとき，点Rから辺EFを通って点Pまで糸をかける。この糸の長さが最も短くなるときの，糸の長さを求めなさい。

（　　　　cm）

3 右の図は，底面の半径が3cm，側面になるおうぎ形の半径が5cmの円錐の展開図である。これを組み立ててできる円錐の体積を求めなさい。（　　　　cm^3）

（大分県）

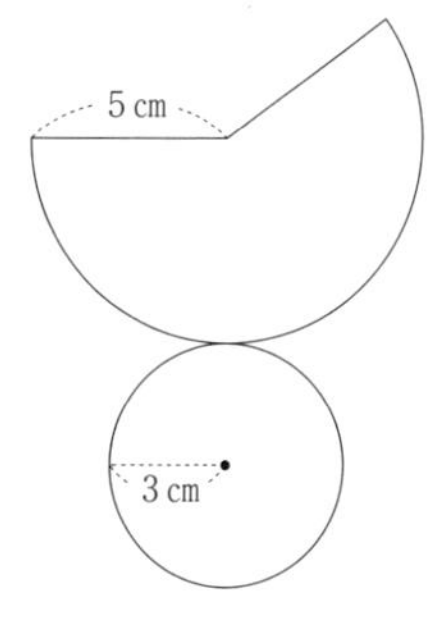

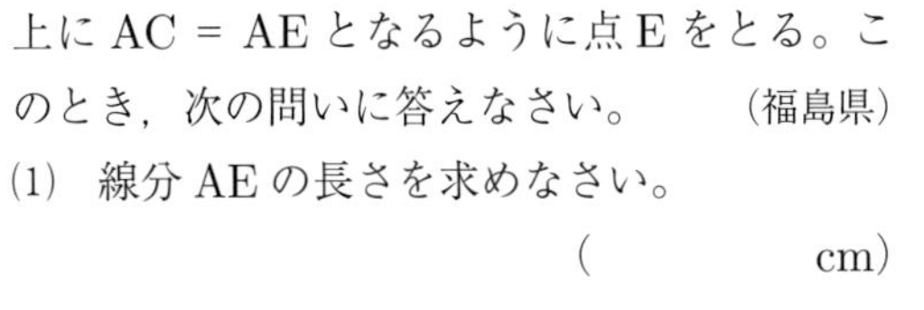

4 右の図のような，底面が１辺２cm の正方形で，他の辺が３cm の正四角錐がある。辺 OC 上に AC = AE となるように点 E をとる。このとき，次の問いに答えなさい。　　（福島県）

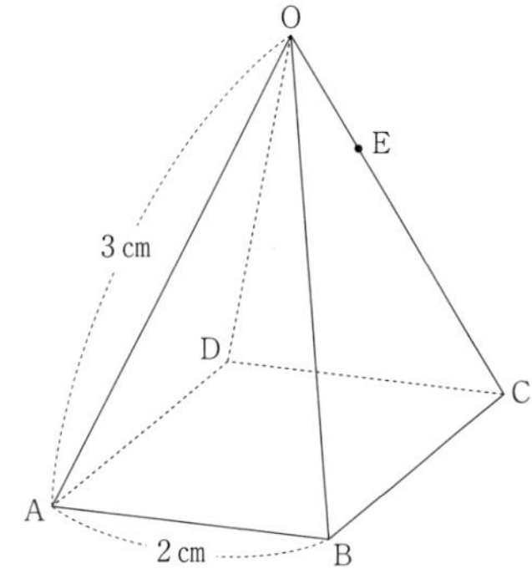

(1) 線分 AE の長さを求めなさい。

（　　　　　cm）

(2) △OAC の面積を求めなさい。

（　　　　　cm^2）

(3) E を頂点とし，四角形 ABCD を底面とする四角錐の体積を求めなさい。

（　　　　　cm^3）

5 右の図のように，２つの直角三角形が重なっています。このとき，次の問いに答えなさい。

（芦屋学園高）

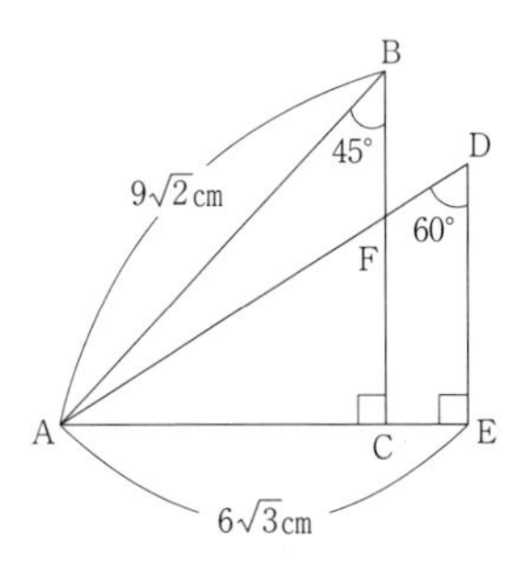

(1) FC の長さを求めなさい。（　　　　　cm）

(2) 台形 FCED の面積を求めなさい。

（　　　　　cm^2）

(3) △ABF を，直線 AC を回転の軸として１回転させてできる立体の体積を求めなさい。（　　　　　cm^3）

6 右の図のように，点A，B，C，D，E，Fを頂点とし，AD = DE = EF = 4 cm，∠DEF = 90°の三角柱がある。辺AB，ACの中点をそれぞれM，Nとする。このとき，次の問いに答えなさい。 (三重県)

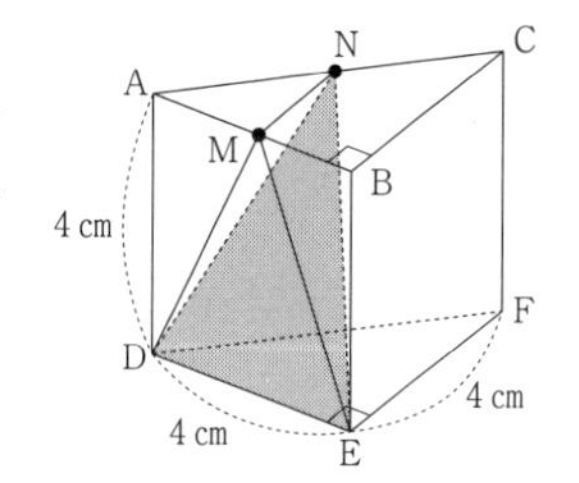

(1) 線分DMの長さを求めなさい。(　　　　　cm)

(2) 点Mから△NDEをふくむ平面にひいた垂線と△NDEとの交点をHとする。このとき，線分MHの長さを求めなさい。(　　　　　cm)

7 右の図のように，線分BCを底面の直径とする円錐がある。母線ABの中点をMとする。円錐の側面上を，点Bから母線ACを横切ってMへ行く最短経路と母線ACの交点をDとする。BC = 2 cm，AB = 6 cmのとき，次の問いに答えなさい。 (京都府立嵯峨野高)

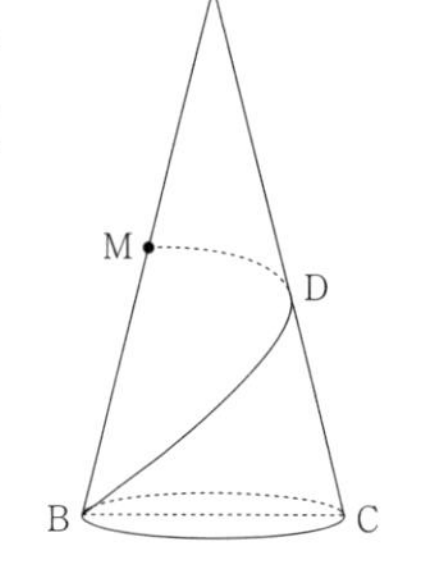

(1) 円錐の側面を展開してできるおうぎ形の中心角を求めなさい。(　　　　　)

(2) 線分ADの長さを求めなさい。(　　　　　cm)

(3) 上の図において，3点B，D，Mを結んでできる△BDMの面積を求めなさい。(　　　　　cm^2)

8 半径5 cmの球と底面の半径が5 cmの円錐があります。このとき，次の問いに答えなさい。
（早稲田摂陵高）

(1) 球の体積を求めなさい。（　　　　　cm^3）

(2) この球を中心からの距離が3 cmである平面で切ったとき，その切り口の面積を求めなさい。（　　　　　cm^2）

(3) 円錐の体積が球の体積と同じになるとき，この円錐の高さを求めなさい。
（　　　　　cm）

9 右の図のように，各辺の長さが8の正四角錐があります。辺AE，ADの中点をそれぞれ点P，Qとするとき，次の問いに答えなさい。
（常翔学園高）

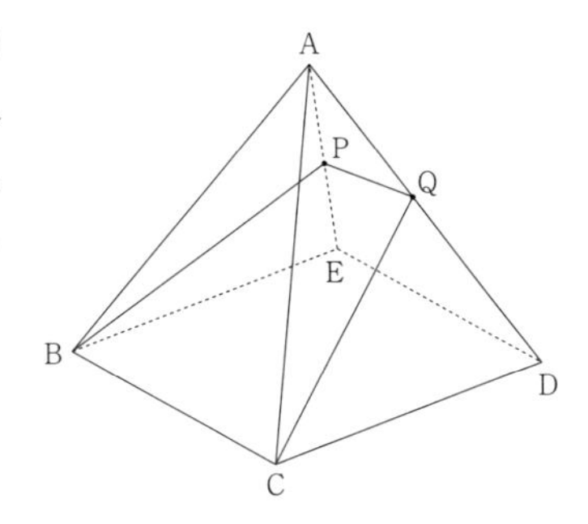

(1) PQの長さを求めなさい。（　　　　　）

(2) CQの長さを求めなさい。（　　　　　）

(3) 4点P，Q，C，Bを通る平面でこの立体を切るとき，切り口の面積を求めなさい。（　　　　　）

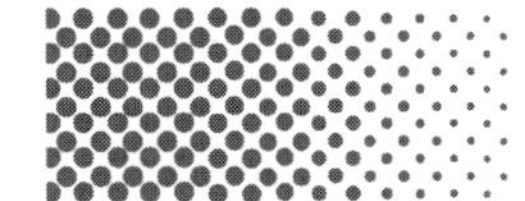

解答・解説

近道問題

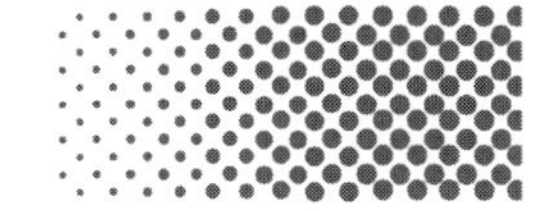

1. 円周角

1 (1) 95°　(2) 34°　(3) 52°　(4) 108°

2 (1) 50°　(2) 22°　(3) ($\angle x =$) 25°　($\angle y =$) 65°　(4) 36°

3 (1) 92°　(2) 100°　(3) 66°　(4) 31°　**4** (1) $3a$　(2) 70°　(3) 36°　(4) 54°

5 (1) 48°　(2) 84°　(3) 40°　(4) ① 76°　② 24°

◇ 解説 ◇

1 (1) $\overset{\frown}{AD}$に対する円周角だから，$\angle ABD = \angle ACD = 43°$　△EBDで，$\angle CEB = 52° + 43° = 95°$

(2) 円周角の定理より，$\angle BOC = 2\angle BAC = 56°$だから，$\angle COD = 124° - 56° = 68°$

よって，$\angle CED = \dfrac{1}{2}\angle COD = 34°$

(3) 円周角の定理より，$\angle AOB = 2\angle ACB = 2 \times 38° = 76°$　△OABは二等辺三角形だから，$\angle x = (180° - 76°) \div 2 = 52°$

(4) △ABCはAB = ACの二等辺三角形だから，$\angle ACB = (180° - 48°) \times \dfrac{1}{2} = 66°$　線分OAをひくと，円周角の定理より，$\angle AOB = 2\angle ACB = 2 \times 66° = 132°$　△OABはOA = OBの二等辺三角形だから，$\angle OBA = (180° - 132°) \times \dfrac{1}{2} = 24°$　よって，△ABDにおいて，$\angle ADB = 180° - 48° - 24° = 108°$

2 (1) 右図において，△OBCは二等辺三角形だから，$\angle BOC = 180° - 71° \times 2 = 38°$　$\overset{\frown}{BD}$に対する円周角と中心角の関係より，$\angle x = \dfrac{1}{2}\angle BOD = \dfrac{1}{2} \times (38° + 62°) = 50°$

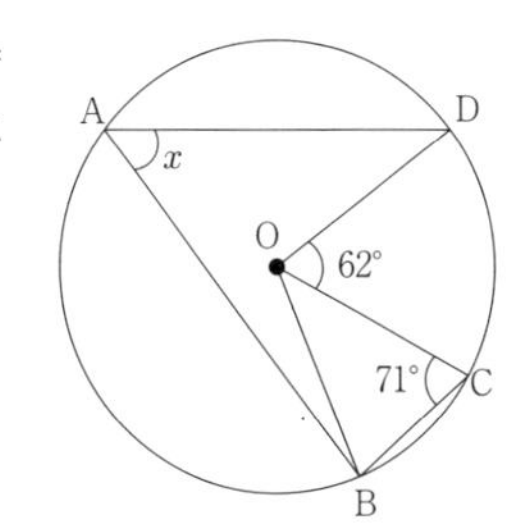

(2) 右図で，$\overset{\frown}{DE}$に対する円周角だから，$\angle DAE = \angle x$　△BCDで内角と外角の関係より，$\angle ADF = \angle x + 40°$　同様に△ADFで，$(\angle x + 40°) + \angle x = 84°$となるから，$2\angle x = 44°$より，$\angle x = 22°$

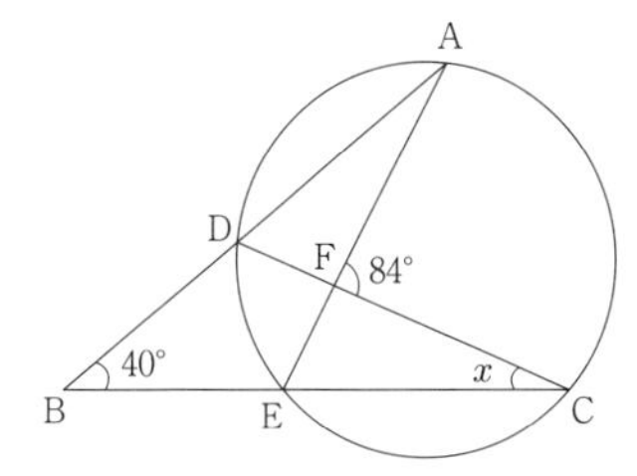

(3) $\overset{\frown}{AB}$の円周角より，$\angle x = \angle ADB = 25^\circ$　また，ACは円の直径で，直径に対する円周角は90°だから，$\angle ABC = 90^\circ$　よって，$\triangle ABC$において，$\angle y = 180^\circ - (25^\circ + 90^\circ) = 65^\circ$

(4) $\overset{\frown}{AD}$の円周角だから，$\angle ABD = \angle ACD = 20^\circ$で，$\angle ABC = 20^\circ + 34^\circ = 54^\circ$　線分BCは直径だから，$\angle BAC = 90^\circ$　$\triangle ABC$で，$\angle ACB = 180^\circ - 90^\circ - 54^\circ = 36^\circ$　$\overset{\frown}{AB}$の円周角だから，$\angle ADB = \angle ACB = 36^\circ$

3 (1) 円周角の定理より，$\angle ABC = \frac{1}{2}\angle AOC = 20^\circ$，$\angle COD = 2\angle CBD = 72^\circ$　$\triangle OBC$は$OB = OC$の二等辺三角形で，$\angle OCE = \angle ABC = 20^\circ$より，$\angle DEC = \angle OCE + \angle COD = 20^\circ + 72^\circ = 92^\circ$

(2) $\overset{\frown}{AB}$について，円周角の定理より，$\angle ACB = \frac{1}{2}\angle AOB = 35^\circ$　$\triangle BCP$の内角と外角の関係より，$\angle APB = 65^\circ + 35^\circ = 100^\circ$

(3) 2点O，Cを結ぶと，点Cが円Oの接点より，$\angle OCE = 90^\circ$だから，$\triangle COE$の内角と外角の関係より，$\angle COA = 90^\circ + 42^\circ = 132^\circ$　よって，円周角の定理より，$\angle CDA = \frac{1}{2}\angle COA = 66^\circ$

(4) 直線PBは点Bを接点とする円Oの接線だから，$\angle OBP = 90^\circ$　$\triangle OPB$で，$\angle POB = 180^\circ - (28^\circ + 90^\circ) = 62^\circ$　円周角の定理より，$\angle x = \frac{1}{2}\angle AOB = 31^\circ$

4 (1) 右図のように，AB，CDは円の直径だから，この2つの線分の交点をOとすると，Oは円の中心である。$\overset{\frown}{AC}$に対する円周角と中心角だから，$\angle AOF = 2a$　$AB \parallel CE$より，$\angle FAO = a$　よって，$\triangle AFO$で，$\angle DFE = \angle AOF + \angle FAO = 2a + a = 3a$

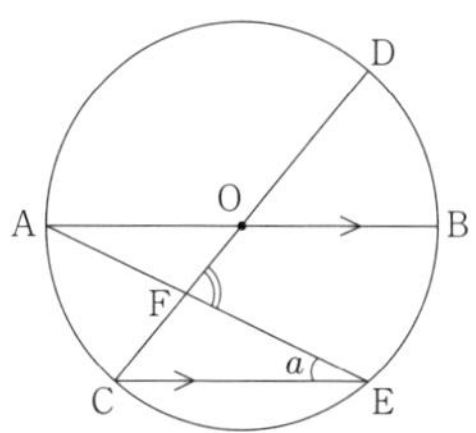

(2) 右図のように，2点B，Dを結ぶと，$\overset{\frown}{DC}$の円周角は，$\angle DBC = \angle DAC = \angle b$，また，半円の円周角より，$\angle DBA = \angle a + \angle b = 90^\circ$　ここで，$\angle a = \angle b + 10^\circ$だから，$\angle b + 10^\circ + \angle b = 90^\circ$となるので，$\angle b = 40^\circ$　$\angle b = \angle c + 20^\circ$より，$40^\circ = \angle c + 20^\circ$だから，$\angle c = 20^\circ$　よって，$\angle ACB = \angle ADB = 90^\circ - \angle c = 90^\circ - 20^\circ = 70^\circ$

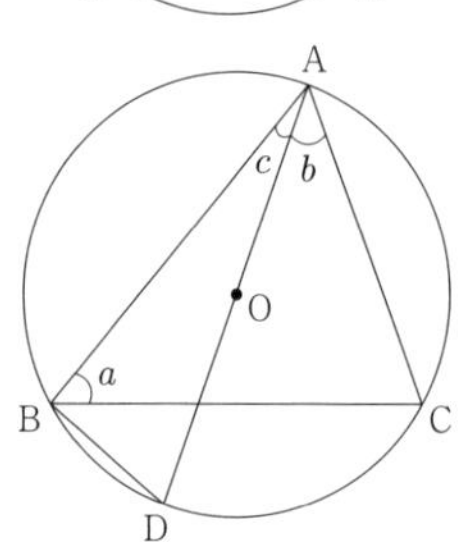

(3) $\angle AOC = 180^\circ \times \frac{1}{5} = 36^\circ$　$\overset{\frown}{AC}$に対する円周角と中心角の関係より，$\angle ABC = \frac{1}{2}\angle AOC = \frac{1}{2} \times 36^\circ = 18^\circ$　また，$\angle BAD = \angle ABC = 18^\circ$　$\triangle PAB$の内角と外角

の関係より，$\angle APC = \angle ABP + \angle BAP = 18^\circ + 18^\circ = 36^\circ$

(4) 右図のように，円の中心をＯとする。半円に対する円周角だから，$\angle ABD = 90^\circ$　$\angle BOC = 360^\circ \times \dfrac{2}{10} = 72^\circ$だから，円周角の定理より，$\angle BAC = \dfrac{1}{2}\angle BOC = 36^\circ$　よって，$\triangle ABE$で，$\angle x = 180^\circ - (90^\circ + 36^\circ) = 54^\circ$

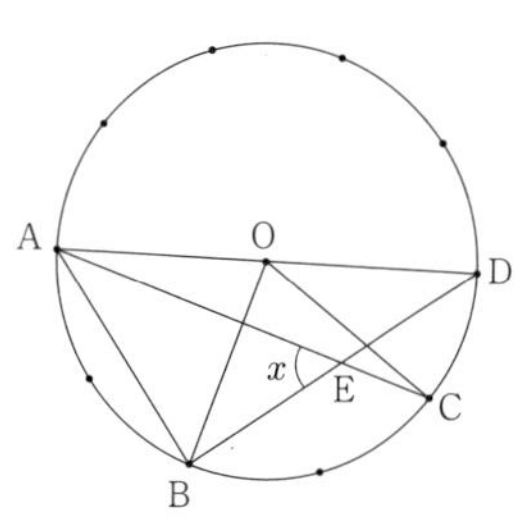

5 (1) $\overset{\frown}{CD} = \dfrac{4}{3}\overset{\frown}{BC}$より，$\angle COD = \dfrac{4}{3}\angle BOC = 96^\circ$　よって，円周角の定理より，$\angle x = \dfrac{1}{2}\angle COD = 48^\circ$

(2) $\overset{\frown}{AD} = \dfrac{1}{3}\overset{\frown}{AB}$，$\overset{\frown}{CD} = \dfrac{1}{6}\overset{\frown}{AB}$より，$\overset{\frown}{AD} : \overset{\frown}{CD} = 2 : 1$だから，$\angle CBD = a^\circ$とすると，$\angle ABD = 2a^\circ$　また，$\overset{\frown}{AB} : \overset{\frown}{CD} = 6 : 1$より，$\angle ACB = 6a^\circ$　$\triangle ABC$は$AB = BC$の二等辺三角形だから，$\angle CAB = \angle ACB = 6a^\circ$　$\triangle ABC$で，$6a^\circ + (2a^\circ + a^\circ) + 6a^\circ = 180^\circ$だから，$a = 12$　$\overset{\frown}{CD}$に対する円周角より，$\angle CAD = \angle CBD$だから，$\angle x = \angle CAB + \angle CAD = 6 \times 12^\circ + 12^\circ = 84^\circ$

(3) 右図のように点Ａ～Ｅを定めると，$\angle ABD = \angle ACD = 20^\circ$より，４点Ａ，Ｂ，Ｃ，Ｄは同一円周上にあることがわかる。$\triangle ABC$の内角の和が180°より，$\angle EBC = 180^\circ - 70^\circ - 50^\circ - 20^\circ = 40^\circ$となるから，$\overset{\frown}{CD}$に対する円周角より，$\angle x = \angle EBC = 40^\circ$

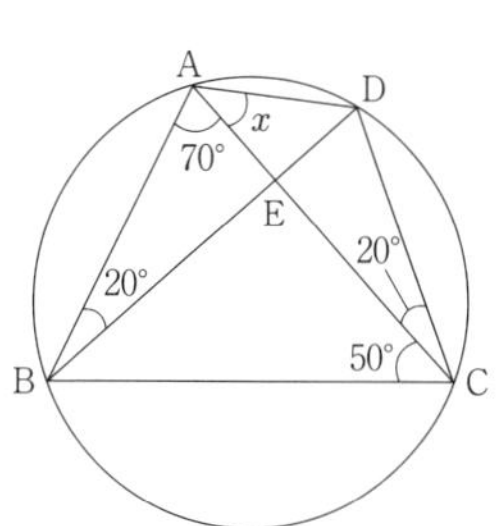

(4) ① $\triangle ABE$で，内角と外角の関係より，$\angle AEC = 34^\circ + 42^\circ = 76^\circ$　② $\angle ADC = \angle AEC = 76^\circ$だから，円周角の定理の逆より，４点Ａ，Ｄ，Ｅ，Ｃは同じ円周上にある。よって，$\angle CDE = \angle CAE = 180^\circ - (80^\circ + 76^\circ) = 24^\circ$

２．相似と多角形

1 7　**2** $\dfrac{40}{3}$　**3** 3：1：2　**4** 12 (cm)　**5** (1) 1：3　(2) 3：4　(3) $\dfrac{2}{7}$ (倍)

6 (1) 1：2　(2) 2：1：3　(3) 45 (cm^2)　**7** (1) 16：1　(2) 5　(3) 30

8 (1) 1 (cm)　(2) $\dfrac{16}{3}$ (cm^2)　**9** (1) 3：2　(2) 9 (cm)　(3) $\dfrac{6}{25}$ (倍)

10 (1) $20 - 2x$ (cm)　(2) $5 - \sqrt{15}$ (秒後と) $5 + \sqrt{15}$ (秒後)　(3) 5 (秒後)　(4) 1：3

◇ 解説 ◇

1 右図で，$\angle ACB = \angle EDB = 90°$，$\angle ABC = \angle EBD$（共通の角）で，2組の角がそれぞれ等しいので，$\triangle ABC \backsim \triangle EBD$　したがって，$BC : BD = AC : ED$ だから，$12 : (15 - x) = 9 : 6$　比例式の性質より，$9(15 - x) = 72$ だから，$15 - x = 8$　よって，$x = 7$

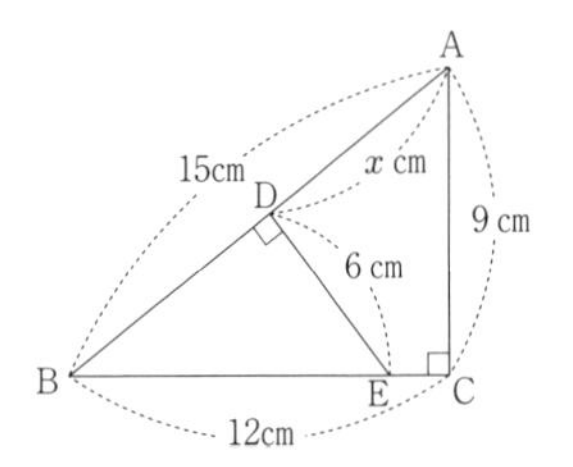

2 $AB /\!/ CD /\!/ EF$ より，$BF : FD = BE : EC = AB : CD = 3 : 5$　よって，$\triangle BEF : \triangle EFD = BF : FD = 3 : 5$ より，$\triangle EFD = \dfrac{5}{3}\triangle BEF = \dfrac{5}{3} \times 3 = 5$　$\triangle CDE : \triangle BED = EC : BE = 5 : 3$ より，$\triangle CDE = \dfrac{5}{3}\triangle BED = \dfrac{5}{3}(3 + 5) = \dfrac{40}{3}$

3 E は線分 DB の中点だから，$DE = \dfrac{1}{2}DB$　$DC /\!/ AB$ より，$DF : FB = DC : MB = 2 : 1$ だから，$FB = DB \times \dfrac{1}{2 + 1} = \dfrac{1}{3}DB$　よって，$EF = DB - DE - FB = DB - \dfrac{1}{2}DB - \dfrac{1}{3}DB = \dfrac{1}{6}DB$ だから，$DE : EF : FB = \dfrac{1}{2} : \dfrac{1}{6} : \dfrac{1}{3} = 3 : 1 : 2$

4 中点連結定理より，$DF /\!/ EC$ で，$EC = 2DF = 16\,(cm)$　また，$EG : DF = BE : BD = 1 : 2$ なので，$EG = \dfrac{1}{2}DF = 4\,(cm)$　よって，$CG = EC - EG = 16 - 4 = 12\,(cm)$

5 (1) $\triangle CBE$ で，$DG /\!/ BE$ より，$DG : BE = CD : CB = 1 : (1 + 2) = 1 : 3$

(2) $DG = a$ とすると，$DG : BE = 1 : 3$ より，$BE = 3a$　$BF : FE = 6 : 1$ より，$FE = BE \times \dfrac{1}{6 + 1} = 3a \times \dfrac{1}{7} = \dfrac{3}{7}a$　$\triangle ADG$ で，$FE /\!/ DG$ より，$AF : AD = FE : DG = \dfrac{3}{7}a : a = 3 : 7$　よって，$AF : FD = 3 : (7 - 3) = 3 : 4$

(3) $BD : DC = 2 : 1$ より，$\triangle ABD = \triangle ABC \times \dfrac{2}{2 + 1} = \dfrac{2}{3}\triangle ABC$，$\triangle ADC = \dfrac{1}{3}\triangle ABC$　$AF : FD = 3 : 4$ より，$\triangle ABF = \triangle ABD \times \dfrac{3}{3 + 4} = \dfrac{2}{3}\triangle ABC \times \dfrac{3}{7} = \dfrac{2}{7}\triangle ABC$　$BF : FE = 6 : 1$ より，$\triangle AFE = \dfrac{1}{6}\triangle ABF = \dfrac{1}{6} \times \dfrac{2}{7}\triangle ABC = \dfrac{1}{21}\triangle ABC$　よって，四角形 $CEFD = \triangle ADC - \triangle AFE = \dfrac{1}{3}\triangle ABC - \dfrac{1}{21}\triangle ABC = \dfrac{2}{7}\triangle ABC$ だから，$\dfrac{2}{7}$ 倍。

6 (1) $AD /\!/ BC$ より，$AH : HC = AD : CB = 5 : 10 = 1 : 2$

(2) (1)より，AH：HC = 1：2だから，AH = AC × $\frac{1}{1+2}$ = $\frac{1}{3}$AC　EC = $\frac{1}{2}$BC = 5(cm)で，AD ∥ EC より，AF：FC = AD：CE = 5：5 = 1：1だから，AF = FC = $\frac{1}{2}$AC　また，HF = AF − AH = $\frac{1}{2}$AC − $\frac{1}{3}$AC = $\frac{1}{6}$AC　よって，AH：HF：FC = $\frac{1}{3}$AC：$\frac{1}{6}$AC：$\frac{1}{2}$AC = 2：1：3

(3) △ABE，△AEC，△CAD の底辺をそれぞれ BE，EC，AD とすると，底辺の長さが等しく高さも同じなので，面積が等しい。△ABE = △AEC = △CAD = S cm^2 とすると，AF：FC = 1：1だから，△AEF = $\frac{1}{2}$△AEC = $\frac{1}{2}$S (cm^2)　また，AD ∥ BE より，AG：GE = AD：EB = 1：1だから，△AGF = △EGF = $\frac{1}{2}$△AEF = $\frac{1}{2}$ × $\frac{1}{2}$S = $\frac{1}{4}$S (cm^2)　AH：HF = 2：1だから，△HGF = △AGF × $\frac{1}{2+1}$ = $\frac{1}{4}$S × $\frac{1}{3}$ = $\frac{1}{12}$S (cm^2)　したがって，(四角形 EFHG) = △EGF + △HGF = $\frac{1}{4}$S + $\frac{1}{12}$S = $\frac{4}{12}$S = $\frac{1}{3}$S (cm^2)　となり，この面積が 5 cm^2 より，$\frac{1}{3}$S = 5 となるので，S = 15　よって，(台形 ABCD) = △ABE + △AEC + △CAD = 15 × 3 = 45 (cm^2)

7 (1) ∠APB = ∠QPC，∠ABP = ∠QCP = 90°で，2組の角がそれぞれ等しいので，△ABP ∽ △QCP となる。相似比は，BP：CP = (10 − 2)：2 = 8：2 = 4：1だから，面積の比は，4^2：1^2 = 16：1

(2) △ABP ∽ △QCP より，AB：QC = BP：CP = 4：1だから，10：QC = 4：1となり，4QC = 10 より，QC = $\frac{5}{2}$　したがって，DQ = 10 − $\frac{5}{2}$ = $\frac{15}{2}$　同様に，△PCQ ∽ △RDQ より，PC：RD = CQ：DQ だから，2：RD = $\frac{5}{2}$：$\frac{15}{2}$ となり，$\frac{5}{2}$RD = 15 より，RD = 6　よって，RA = 10 − 6 = 4　△RDQ ∽ △RAS より，DQ：AS = RD：RA だから，$\frac{15}{2}$：AS = 6：4となり，6AS = 30 より，AS = 5

(3) △ABP ∽ △QCP より，∠BAP = ∠CQP　同様に，△PCQ ∽ △RDQ より，∠CPQ = ∠DRQ，△RDQ ∽ △RAS より，∠RQD = ∠RSA だから，同じ大きさの角に印をつけると右図のようになる。また，AD ∥ BC より，∠DAP = ∠BPA　したがって，△TAR は TA = TR の二等辺三角形，△TAS は TA = TS の二等辺三角形となるから，TR = TS　よって，△RAT = $\frac{1}{2}$△RAS だから，(四角形 PQRT) = (正方形 ABCD) − (△ABP + △QCP +

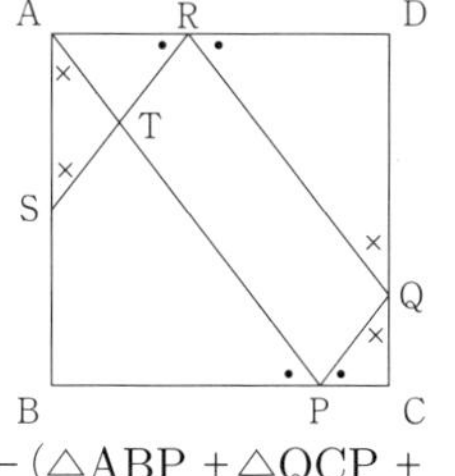

$\triangle RDQ + \triangle RAT) = 10 \times 10 - \left\{\frac{1}{2} \times 8 \times 10 + \frac{1}{2} \times 2 \times \frac{5}{2} + \frac{1}{2} \times 6 \times \frac{15}{2} + \frac{1}{2} \times \right.$ $\left.\left(\frac{1}{2} \times 4 \times 5\right)\right\} = 100 - \left(40 + \frac{5}{2} + \frac{45}{2} + 5\right) = 30$

8 (1) △ABCはAB = ACの二等辺三角形で，Mは辺BCの中点だから，AM ⊥ BCより，△ABCの面積について，$\frac{1}{2} \times BC \times AM = 12$が成り立つ。したがって，$\frac{1}{2} \times 6 \times AM = 12$より，AM = 4 (cm)　AD = AB = 5 cmだから，MD = 5 − 4 = 1 (cm)

(2) 辺BCと辺DEの交点をPとする。△ABC ≡ △ADEで，点Nは辺DEの中点だから，AN ⊥ DE，$DN = \frac{1}{2}DE = 3$ (cm)，AN = AM = 4 cm　また，∠ADN = ∠PDM（共通の角），∠AND = ∠PMD = 90°で，2組の角がそれぞれ等しいので，△ADN ∽ △PDM　相似比が，DN : DM = 3 : 1だから，面積比は，$3^2 : 1^2 = 9 : 1$　よって，四角形AMPN = $\triangle ADN \times \frac{9-1}{9} = \left(\frac{1}{2} \times 12\right) \times \frac{8}{9} = \frac{16}{3}$ (cm^2)

9 (1) 角の2等分線の性質より，BD : DC = AB : AC = 15 : 10 = 3 : 2

(2) AB ∥ EDより，AE : EC = BD : DC = 3 : 2だから，$AE = 10 \times \frac{3}{3+2} = 6$ (cm)
ADとFEの交点をGとおくと，1辺とその両端の角がそれぞれ等しいので，△AFG ≡ △AEG　よって，AF = AE = 6 cmだから，FB = 15 − 6 = 9 (cm)

(3) △ABC = Sとおくと，BD : DC = 3 : 2より，$\triangle ADC = S \times \frac{2}{3+2} = \frac{2}{5}S$　AE : EC = 3 : 2より，$\triangle AED = \triangle ADC \times \frac{3}{3+2} = \frac{3}{5} \times \frac{2}{5}S = \frac{6}{25}S$　よって，$\frac{6}{25}$倍。

10 (1) $DQ = 2 \times x = 2x$ (cm)だから，$AQ = AD - DQ = 20 - 2x$ (cm)

(2) 点P, Qが出発してx秒後，$AP = 1 \times x = x$ (cm)，$AQ = 20 - 2x$ (cm)だから，$\triangle APQ = \frac{1}{2} \times x \times (20 - 2x) = 10x - x^2$ (cm^2)　これが$10cm^2$になるのは，$10x - x^2 = 10$より，$x^2 - 10x + 10 = 0$　解の公式より，$x = \frac{-(-10) \pm \sqrt{(-10)^2 - 4 \times 1 \times 10}}{2 \times 1} = \frac{10 \pm \sqrt{60}}{2} = \frac{10 \pm 2\sqrt{15}}{2} = 5 \pm \sqrt{15}$　よって，$(5 - \sqrt{15})$秒後と$(5 + \sqrt{15})$秒後。

(3) △APR＝△AQRとなるのは，点Rが線分PQの中点であるとき。右図1のように，AQ∥PSとなる点Sを対角線AC上にとると，四角形APSQは長方形となり，(長方形APSQ)∽(長方形ABCD)。したがって，AP：AQ＝AB：AD＝10：20＝1：2だから，x：$(20-2x)$＝1：2　$2x=20-2x$より，$4x=20$だから，$x=5$　よって，5秒後。

図1

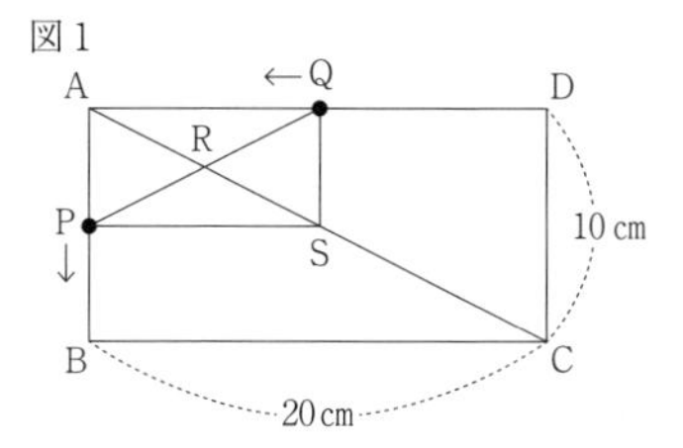

(4) (3)より，5秒後，AP＝5 cmとなる。右図2のように，点Rから辺ABに垂線RHをひく。HR∥AQより，PH：HA＝PR：RQ＝1：1だから，AH＝$\frac{1}{2}$AP＝$\frac{5}{2}$(cm)　よって，HB＝$10-\frac{5}{2}=\frac{15}{2}$(cm)で，HR∥BCより，AR：RC＝AH：HB＝$\frac{5}{2}:\frac{15}{2}$＝1：3

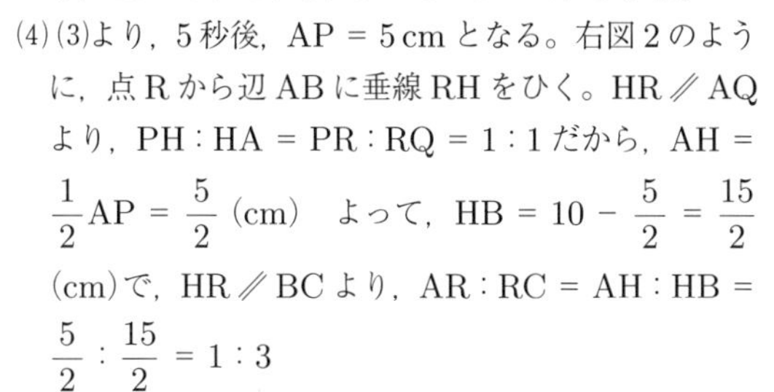

図2

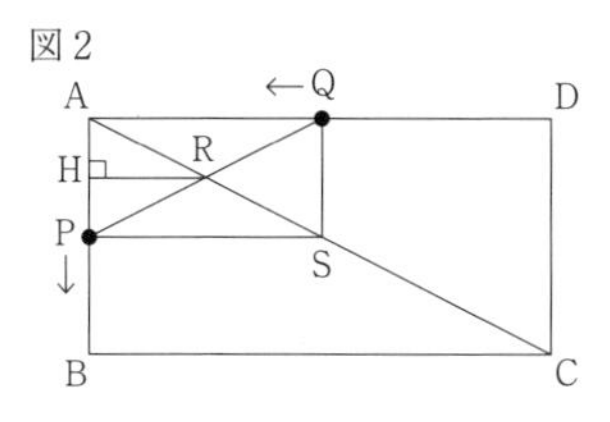

3．相似と円

1 (1) 120°　(2) 9 (cm)　**2** $\frac{50}{13}$　**3** 9

4 (1) 72°　(2) 18°　(3) $-2+2\sqrt{5}$　(4) $2+2\sqrt{5}$　**5** (1) ① 35°　② 80°　(2) 4 (cm)

6 (1) 26°　(2) 20：49　**7** (1) 2　(2) $\frac{4}{3}$　(3) $4\sqrt{2}$

◇ 解説 ◇

1 (1) 右図のように，この円の中心をOとすると，円周角の定理より，$\angle x=2\angle$BCD，$\angle y=2\angle$BADなので，$2\angle$BCD＋$2\angle$BAD＝360°より，$\angle$BCD＋$\angle$BAD＝180°　よって，$\angle$BAD＝180°－60°＝120°

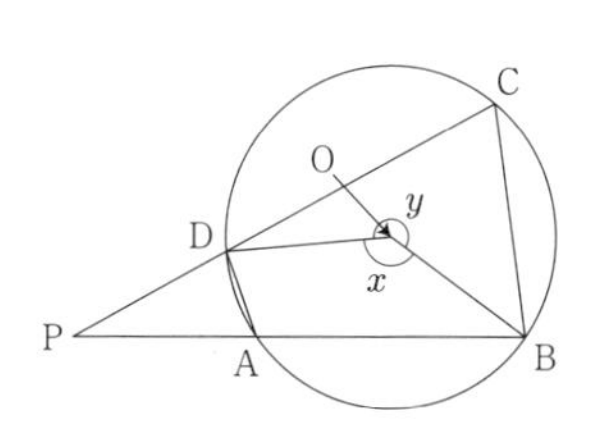

(2) △PBCと△PDAにおいて，∠Pは共通……㋐　∠DAP＝180°－120°＝60°より，∠BCP＝∠DAP……㋑　㋐，㋑より，2組の角がそれぞれ等しいので，△PBC∽△PDAで，PC：PA＝PB：PD＝(4＋5)：3＝3：1　よって，PC＝$\frac{3}{1}$PA＝12 (cm)なので，CD＝12－3＝9 (cm)

2 BD＝13×2＝26 (cm)　ACとBDの交点をEとおく。△DBCと△CBEは，∠DBC＝∠CBE，∠DCB＝∠CEB＝90°より，△DBC∽△CBE　よって，BE：BC＝BC：BDだから，x：10＝10：26より，$26x=100$　したがって，$x=\frac{50}{13}$

3 △APCと△DPBにおいて，対頂角より，∠APC＝∠DPB，$\overset{\frown}{\text{CB}}$に対する円周角より，

$\angle$CAP $=\angle$BDP だから，$\triangle$APC $\backsim\triangle$DPB　PD $=x$ とおくと，AP : DP $=$ CP : BP より，$3 : x=(11-x) : 6$ だから，$x(11-x)=3\times6$　整理して，$x^2-11x+18=0$ より，$(x-9)(x-2)=0$ だから，$x=9,\ 2$　PD $=9$ のとき，PC $=11-9=2$ で，PC $<$ PD となり，適する。PD $=2$ のとき，PC $=11-2=9$ で，PC $>$ PD となり，適さない。

4 (1) $\angle$OAC $=90°-36°=54°$　$\triangle$OCA は二等辺三角形だから，$\angle$AOC $=180°-54°\times2=72°$

(2) AD $/\!/$ CO より，$\angle$OAD $=\angle$AOC $=72°$　$\triangle$OAD は二等辺三角形だから，$\angle$AOD $=180°-72°\times2=36°$　$\overset{\frown}{\mathrm{AD}}$に対する中心角と円周角の関係より，$\angle$ACD $=\dfrac{1}{2}\angle$AOD $=\dfrac{1}{2}\times36°=18°$

(3) $\angle$OCE $=54°-18°=36°$　$\angle$CEO $=180°-36°-72°(=72°)$ より，$\triangle$COE は頂角が 36° の二等辺三角形。$\angle$CBE $=\dfrac{1}{2}\times\angle$COE $=\dfrac{1}{2}\times72°=36°$　$\angle$BEC $=\angle$CEO $=72°$ より，$\angle$BCE $=180°-36°-72°=72°$ だから，$\triangle$BCE は頂角が 36° の二等辺三角形で，$\triangle$COE $\backsim\triangle$BCE　OE $=x$ とおくと，BO $=$ CO $=$ CE $=\dfrac{1}{2}\times8=4$ だから，BE $=4+x$　BE : CE $=$ CE : OE より，$(4+x) : 4=4 : x$　比例式の性質より，$x(4+x)=4\times4$ だから，$x^2+4x-16=0$　解の公式より，$x=\dfrac{-4\pm\sqrt{4^2-4\times1\times(-16)}}{2\times1}=\dfrac{-4\pm\sqrt{80}}{2}=\dfrac{-4\pm4\sqrt{5}}{2}=-2\pm2\sqrt{5}$　$x>0$ だから，OE $=-2+2\sqrt{5}$

(4) (2)より，$\angle$AOD $=36°$ だから，$\triangle$OCD で，$\angle$COD $=72°+36°=108°$ より，$\angle$ODC $=180°-108°-36°=36$　よって，$\triangle$OED は二等辺三角形だから，DE $=$ OE $=-2+2\sqrt{5}$　また，CE $=$ CO $=4$ だから，CD $=(-2+2\sqrt{5})+4=2+2\sqrt{5}$

5 (1) ① $\triangle$ABC で，$\angle$ACB $=180°-(80°+65°)=35°$　$\overset{\frown}{\mathrm{AB}}$に対する円周角だから，$\angle$ADB $=\angle$ACB $=35°$　② $\overset{\frown}{\mathrm{BC}}$に対する円周角だから，$\angle$BDC $=\angle$BAC $=65°$　BE $/\!/$ CD より，$\angle$EBD $=\angle$BDC $=65°$　よって，$\triangle$BED で，$\angle$DEB $=180°-(65°+35°)=80°$

(2) $\overset{\frown}{\mathrm{BC}}$に対する円周角だから，$\angle$BDC $=\angle$BAC　また，BE $/\!/$ CD より，$\angle$EBD $=\angle$BDC だから，$\angle$BAC $=\angle$EBD……㋐　$\overset{\frown}{\mathrm{AB}}$に対する円周角だから，$\angle$BCA $=\angle$EDB……㋑　㋐，㋑より，2 組の角がそれぞれ等しいから，$\triangle$ABC $\backsim\triangle$BED　よって，BE : ED $=$ AB : BC $=1 : 2$ だから，ED $=2$BE $=6$ (cm)　したがって，AD $=6-2=4$ (cm)

6 (1) 次図 1 で，$\angle$OPQ $=90°$ だから，$\angle$OPA $=90°-58°=32°$　$\triangle$OPA は OP $=$ OA の二等辺三角形だから，$\angle$PAO $=\angle$OPA $=32°$　$\triangle$OPA の内角と外角の関係より，$\angle$POC $=\angle$PAO $+\angle$OPA $=32°+32°=64°$　$\angle$OPC $=90°$ だから，$\angle$ACP $=$

$\angle OCP = 180° - (90° + 64°) = 26°$

(2) $AO = \frac{1}{2}AB = 2$ (cm)より，$OC = 7 - 2 = 5$ (cm)　次図2で，ACは円O′の直径だから，$\angle AQC = 90°$　よって，△OCP∽△ACQで，相似比は，OC：AC = 5：7だから，面積比は，$5^2 : 7^2 = 25 : 49$　ここで，△OCPと△ABPは底辺をそれぞれOC，ABとしたときの高さが等しいから，△OCP：△ABPはOC：ABと等しくなる。よって，△OCP：△ABP = 5：4だから，△ABP：△ACQ = $\left(25 \times \frac{4}{5}\right) : 49 = 20 : 49$

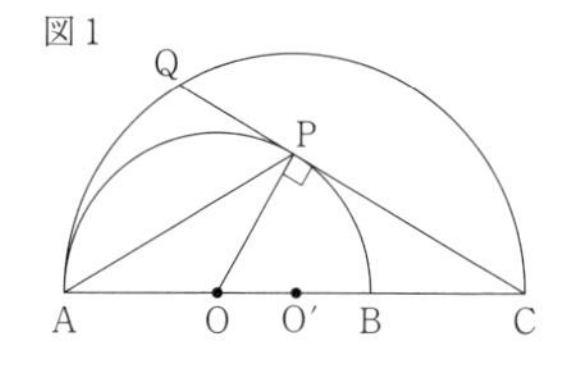

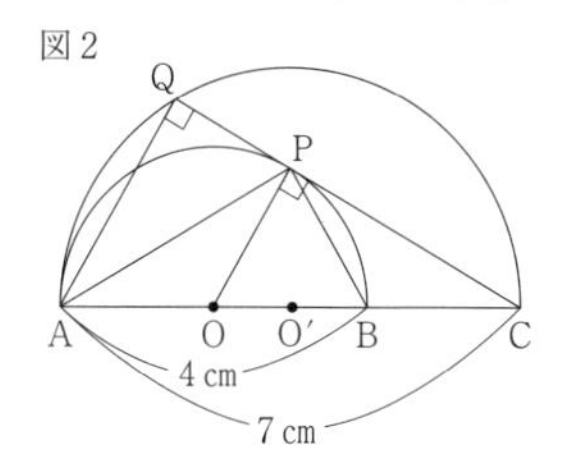

7 (1) △ABCにおいて，ADは∠BACの二等分線だから，BD：DC = AB：AC = 4：6 = 2：3　よって，$BD = BC \times \frac{2}{2+3} = \frac{2}{5}BC = 2$

(2) 同じ弧に対する円周角は等しいことと，平行線の錯角，同位角は等しいことから，右図の同じ印をつけた角は等しくなる。したがって，△ABD∽△AEF∽△FEBだから，AB：BD = 4：2 = 2：1より，AE：EF = FE：EB = 2：1　よって，AE：EF：EB = 4：2：1より，AE：BE = 4：1となり，AB：BE = 3：1だから，$BE = \frac{AB}{3} = \frac{4}{3}$

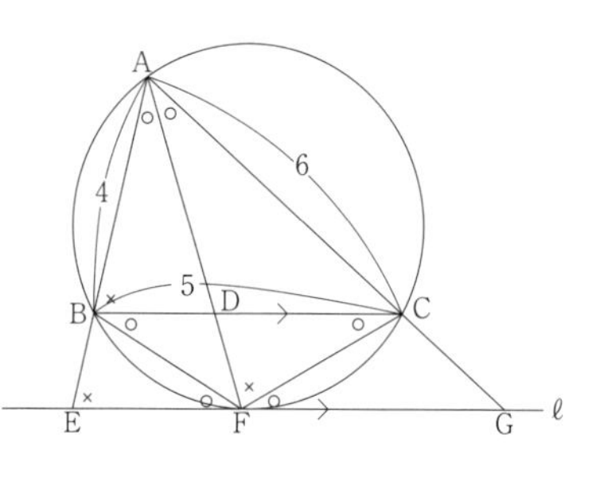

(3) (2)より，△ABF∽△AFGもいえるから，AB：AF = AF：AGとなる。AC：AG = AB：AE = 3：4だから，$AG = \frac{4}{3}AC = 8$　よって，4：AF = AF：8より，$AF^2 = 32$　AF＞0より，$AF = \sqrt{32} = 4\sqrt{2}$

4．相似と空間図形

1 375π (cm^3)　**2** 19π (cm^3)　**3** (1) 1：3　(2) 4：9　(3) $\frac{475}{8}\pi$ (cm^3)　(4) $\frac{475}{7}\pi$ (cm^3)

4 (1) 8　(2) 49　(3) $\frac{196}{3}$　**5** (1) 30 (cm^3)　(2) $\frac{49}{5}$ (cm)　(3) 80π (cm^3)

◇ 解説 ◇

1 Gの体積を$V\text{cm}^3$とおくと，$81\pi : V = 3^3 : 5^3$より，$81\pi : V = 27 : 125$　比例式の性質より，$27V = 81\pi \times 125$だから，$V = 375\pi$

2 直線ABと直線CDの交点をOとすると，できる立体は右図のように，底面の円の半径がBCで高さがOCの円錐から，底面の円の半径がADで高さがODの円錐を取り除いたものになる。AD∥BCより，OD : OC = AD : BC = 2 : 3だから，OD : DC = 2 : (3 − 2) = 2 : 1　よって，OD = 3 × 2 = 6 (cm)，OC = 6 + 3 = 9 (cm)だから，求める立体の体積は，$\dfrac{1}{3} \times \pi \times 3^2 \times 9 - \dfrac{1}{3} \times \pi \times 2^2 \times 6 = 19\pi\ (\text{cm}^3)$

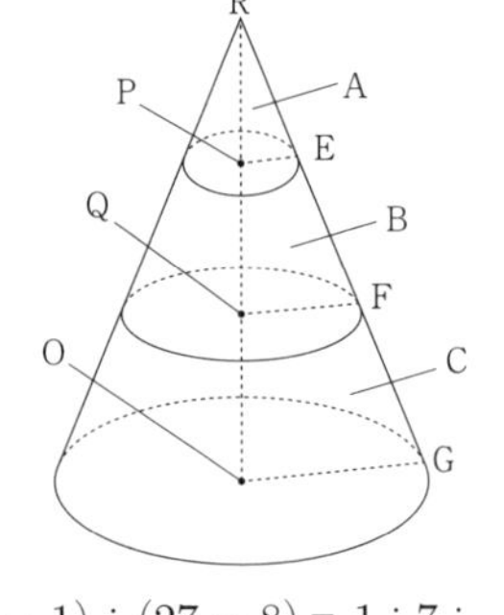

3 (1) 右図で，△RPEと△RQFと△ROGは相似で，その相似比は，RP : RQ : RO = 1 : 2 : 3　よって，PE : OG = 1 : 3より，求める比も1 : 3。

(2) QF : OG = 2 : 3より，円Qと円Oの半径の比も2 : 3だから，求める面積比は，$2^2 : 3^2 = 4 : 9$

(3) 底面が円Pで高さがRPの円錐（立体A）と，底面が円Qで高さがRQの円錐（立体A＋立体B）と，底面が円Oで高さがROの円錐（立体A＋立体B＋立体C）は相似で，その相似比は1 : 2 : 3だから，体積の比は，$1^3 : 2^3 : 3^3 = 1 : 8 : 27$　よって，立体A，立体B，立体Cの体積の比は，1 : (8 − 1) : (27 − 8) = 1 : 7 : 19なので，求める体積は，$25\pi \times \dfrac{19}{1+7} = \dfrac{475}{8}\pi\ (\text{cm}^3)$

(4) $25\pi \times \dfrac{19}{7} = \dfrac{475}{7}\pi\ (\text{cm}^3)$

4 (1) 次図1は，底面の台形ABCDで，AC ⊥ BDより，∠APD = 90°　対称性より，AP = DPだから，△APDは直角二等辺三角形となる。よって，△APMも直角二等辺三角形で，$AM = MP = \dfrac{1}{2}AD = 4$だから，$\triangle APM = \dfrac{1}{2} \times 4 \times 4 = 8$

(2) 次図1のように，MPの延長とBCとの交点をIとすると，IはBCの中点で，MI ⊥ BC，$PI = BI = \dfrac{1}{2}BC = 3$より，MI = 4 + 3 = 7　よって，台形$ABCD = \dfrac{1}{2} \times (8 + 6) \times 7 = 49$

(3) 次図2において，QからACに垂線QJを下ろすと，QJは四角錐Q—ABCDの高さで，QJ∥EAより，QJ : EA = PQ : PE　また，EとGを結ぶと，EG∥AC，EG = ACだから，PQ : QE = AP : EG = 4 : 7　よって，PQ : PE = 4 : (4 + 7) = 4 : 11

より，QJ：EA ＝ 4：11　したがって，QJ ＝ $\frac{4}{11}$EA ＝ 4となり，求める体積は，$\frac{1}{3} \times 49 \times 4 = \frac{196}{3}$

図1

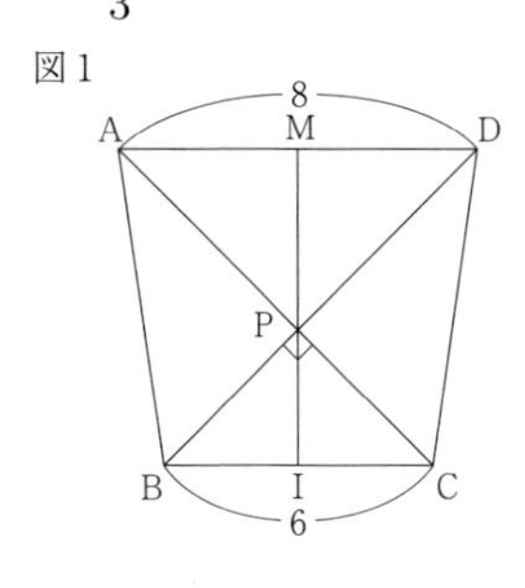

図2

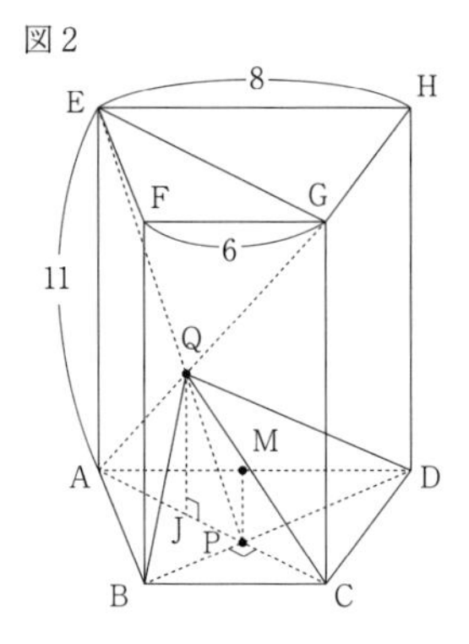

5 (1) $\left(\frac{1}{2} \times 3 \times 4\right) \times 5 = 30$ (cm^3)

(2) 右図1は，面ABC，面BEFC，面DEFを展開したもので，線分ADが最短のひもの長さとなる。線分ADと辺BC，EFとの交点をそれぞれH，Iとする。ここで，∠BAC＝∠BHA＝90°，∠ABC＝∠HBA（共通の角）で，2組の角がそれぞれ等しいので，△ABC∽△HBAである。したがって，AC：HA＝BC：BAより，3：HA＝5：4だから，HA＝$\frac{12}{5}$（cm）　同様に，ID＝$\frac{12}{5}$cmだから，AD＝$\frac{12}{5} + 5 + \frac{12}{5} = \frac{49}{5}$（cm）

図1

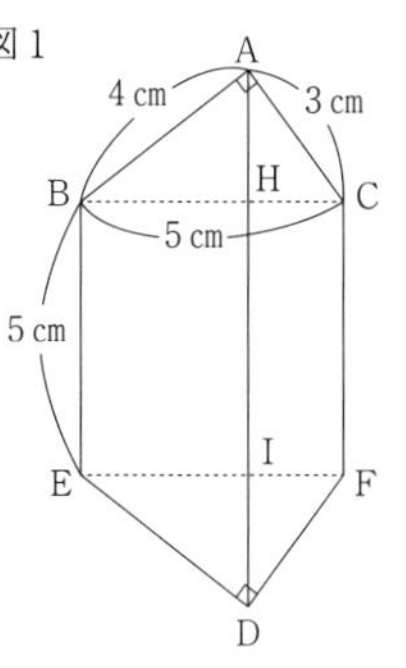

(3) 右図2のように，底面の半径が5cmで高さが5cmの円柱から，底面の半径が3cmで高さが5cmの円柱をくり抜いたものになるから，その体積は，$\pi \times 5^2 \times 5 - \pi \times 3^2 \times 5 = 80\pi$ (cm^3)

図2

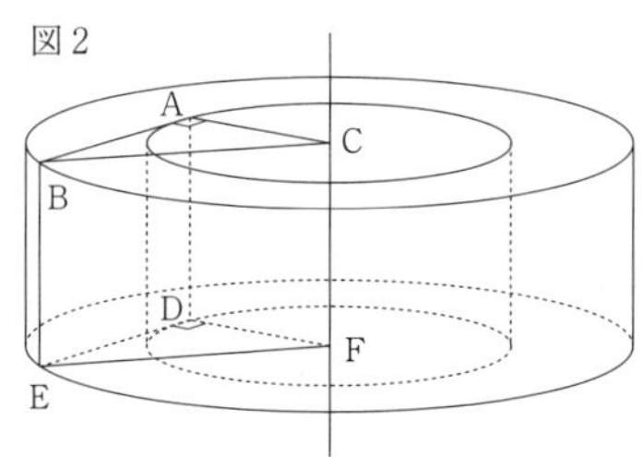

5．相似の証明

1 (1) ア　(2) ウ

2 (1) 35°

(2) △ABC と△EBD において，

∠ACB ＝∠DCE ＋∠ACD……①，∠EDB ＝∠DAE ＋∠AED……②

仮定より，∠DCE ＝∠DAE なので，4 点 A，C，D，E は 1 つの円周上にあり，

∠ACD ＝∠AED……③

よって，①，②，③より，∠ACB ＝∠EDB……④

また，共通な角なので，∠ABC ＝∠EBD……⑤

よって，④，⑤より，2 組の角がそれぞれ等しいので，△ABC ∽△EBD

3 △AGL と△BIH において，△ABC は正三角形だから，

∠LAG ＝∠HBI ＝ 60°……①　∠ALG ＋∠AGL ＝ 120°……②

△DEF は正三角形で，∠GDH ＝ 60°だから，∠DGH ＋∠DHG ＝ 120°……③

対頂角は等しいから，∠AGL ＝∠DGH……④

②，③，④より，∠ALG ＝∠DHG……⑤

また，対頂角は等しいから，∠DHG ＝∠BHI……⑥

⑤，⑥より，∠ALG ＝∠BHI……⑦

①，⑦より，2 組の角がそれぞれ等しいから，△AGL ∽△BIH

4 △FBG と△EDA において，正方形 ABCD を折り返した図だから，

∠FBG ＝∠EDA ＝ 90°……①，∠ACG ＝∠EAB ＝ 90°……②

対頂角は等しいから，∠FGB ＝∠AGC……③

②より，∠AGC ＋∠GAC ＝ 180° －∠ACG ＝ 90°，

∠EAD ＋∠GAC ＝ 180° －∠EAB ＝ 90°　よって，∠AGC ＝∠EAD……④

③，④より，∠FGB ＝∠EAD……⑤

①，⑤より，2 組の角がそれぞれ等しいので，△FBG ∽△EDA

5 (1) △ATB と△ACT において，線分 CT は円の直径なので，∠CBT ＝ 90°

よって，∠ABT ＝ 90°……①

直線 AT は円の接線なので，∠ATC ＝ 90°……②

①，②より，∠ABT ＝∠ATC……③

また，∠A は共通だから，∠TAB ＝∠CAT……④

③，④より，2 組の角がそれぞれ等しいので，△ATB ∽△ACT

(2) $\sqrt{10}$

6 (1) エ　(2) オ　(3) ク　(4) コ

7 (1) △BCF と△ADE において，仮定より，∠FCB ＝∠ACE……①

$\overset{\frown}{AE}$に対する円周角なので，∠EDA ＝∠ACE……②

①，②より，∠FCB ＝∠EDA……③

また，①より，$\overset{\frown}{AB}=\overset{\frown}{AE}$……④　AC = AD より，$\overset{\frown}{AC}=\overset{\frown}{AD}$……⑤
④，⑤より，$\overset{\frown}{BC}=\overset{\frown}{DE}$……⑥　仮定より，$\overset{\frown}{BC}=\overset{\frown}{CD}$……⑦　⑥，⑦より，$\overset{\frown}{CD}=\overset{\frown}{DE}$
等しい弧に対する円周角だから，∠CBF = ∠DAE……⑧
したがって，③，⑧より，2組の角がそれぞれ等しいので，△BCF ∽ △ADE
(2) $\frac{9}{4}$ (cm)

8 (1) △AFE と△ACB において，共通の角だから，∠EAF = ∠BAC……①
AB は円の直径だから，∠ACB = ∠ADB = 90°
よって，∠ADE = 90°だから，AE は△AED の外接円の直径である。
したがって，∠AFE = 90°だから，∠AFE = ∠ACB……②
①，②より，2組の角がそれぞれ等しいから，△AFE ∽ △ACB
(2) 25

◇ 解説 ◇

1 ∠CAK = ∠BAH，∠AKC = ∠AHB = 90°より，2組の角がそれぞれ等しいから，△ACK ∽ △ABH　次に，対頂角は等しいから，∠CDK = BDH で，∠CKD = ∠BHD = 90°より，2組の角がそれぞれ等しいから，△CDK ∽ △BDH

2 (1) ∠ADF = 115° − 40° = 75°より，∠ABC = 75° − 40° = 35°

5 (2) (1)より，△ATB ∽ △ACT だから，AT : AC = AB : AT　AT = x とおくと，x : (2 + 3) = 2 : x　比例式の性質より，$x^2 = 10$　よって，$x = \pm\sqrt{10}$　$x > 0$ より，$x = \sqrt{10}$

7 (2) (1)より，∠CBD = ∠DAE なので，$\overset{\frown}{BC}=\overset{\frown}{CD}=\overset{\frown}{DE}$で，BC = CD = DE = 3 cm　△BCF ∽ △ADE より，BC : AD = CF : DE なので，3 : 6 = CF : 3 だから，CF = $\frac{3}{2}$ (cm)　よって，AF = AC − CF = $6 - \frac{3}{2} = \frac{9}{2}$ (cm)　△BCF と△ADF は，∠BFC = ∠AFD，∠CBF = ∠DAF より，2組の角がそれぞれ等しくなり，△BCF ∽ △ADF　したがって，BC : AD = BF : AF なので，3 : 6 = BF : $\frac{9}{2}$ だから，BF = $\frac{9}{4}$ (cm)

8 (2) (1)より，AE : AB = AF : AC　よって，AC × AE = AB × AF……(i)　△BFE と△BDA で，∠BFE = ∠BDA = 90°，∠EBF = ∠ABD より，2組の角がそれぞれ等しいから，△BFE ∽ △BDA　よって，BE : BA = BF : BD だから，BD × BE = BA × BF……(ii)　(i)，(ii)より，AC × AE + BD × BE = AB × AF + BA × BF = AB × (AF + BF) = AB × AB = 5 × 5 = 25

6．三平方の定理と多角形

1 $\sqrt{13}$ (cm)　**2** (x =) 9　(y =) 14　**3** 4　**4** 1 (cm)　**5** $\dfrac{12\sqrt{5}}{5}$ (cm)

6 $\sqrt{3}-1$　**7** (1) $2\sqrt{10}$ (cm)　(2) $\dfrac{63}{5}$ (cm^2)

8 (1) (距離) $\dfrac{24}{5}$ (cm)　(AD =) $\dfrac{14}{5}$ (cm)　(2) 3 : 5　(3) $\dfrac{21}{20}$ (cm^2)

9 (1) $5\sqrt{2}$ (cm)　(2) 3 : 4　(3) (面積) $\dfrac{12}{7}$ (cm^2)　(長さ) $\dfrac{6\sqrt{2}}{7}$ (cm)　(4) $\dfrac{2\sqrt{29}}{7}$ (cm)

10 $\dfrac{75}{4}$　**11** (1) $\dfrac{3}{8}$　(2) $-\sqrt{2}+\sqrt{6}$

◇ **解説** ◇

1 三平方の定理より，$BC = \sqrt{AB^2 + CA^2} = \sqrt{2^2 + 3^2} = \sqrt{13}$ (cm)

2 AB = DC = 12 なので，△ABE について三平方の定理より，$x = AE = \sqrt{15^2 - 12^2} = 9$　点 F から DE に垂線 FG をひくと，△FEG について，$EG = \sqrt{13^2 - 12^2} = 5$　よって，$y = AG = 9 + 5 = 14$

3 右図で，△ACD は 30°，60° の直角三角形なので，$AC = \dfrac{2}{\sqrt{3}}AD = \dfrac{2}{\sqrt{3}} \times \sqrt{6} = 2\sqrt{2}$　△ABC は直角二等辺三角形なので，$x = \sqrt{2}AC = \sqrt{2} \times 2\sqrt{2} = 4$

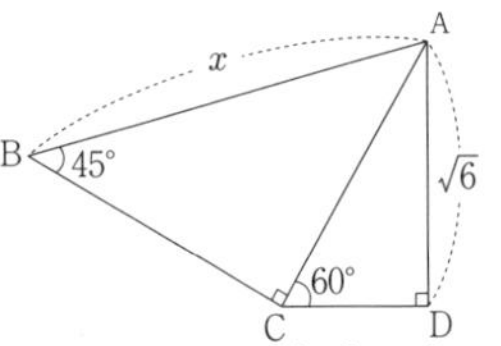

4 △EAD，△BAE は 30°，60° の角をもつ直角三角形だから，AD = x cm とすると，AE = $2x$ cm，AB = $4x$ cm となる。$4x = 4$ より，$x = 1$　よって，AD = 1 cm

5 △ABC で三平方の定理より，$AC = \sqrt{5^2 - 3^2} = 4$ (cm)　仮定と平行線の錯角より，∠CEB = ∠ABE = ∠CBE だから，CE = CB = 3 cm　右図のように E から直線 BC に垂線 EF を引くと，∠ABC = ∠ECF，∠ACB = ∠EFC = 90° だから，△ABC ∽ △ECF　よって，CF : EF : EC = 3 : 4 : 5 だから，$CF = \dfrac{3}{5}EC = \dfrac{9}{5}$ (cm)，$EF = \dfrac{4}{5}EC = \dfrac{12}{5}$ (cm)　したがって，△EBF で，$BE = \sqrt{\left(3 + \dfrac{9}{5}\right)^2 + \left(\dfrac{12}{5}\right)^2} = \dfrac{12\sqrt{5}}{5}$ (cm)

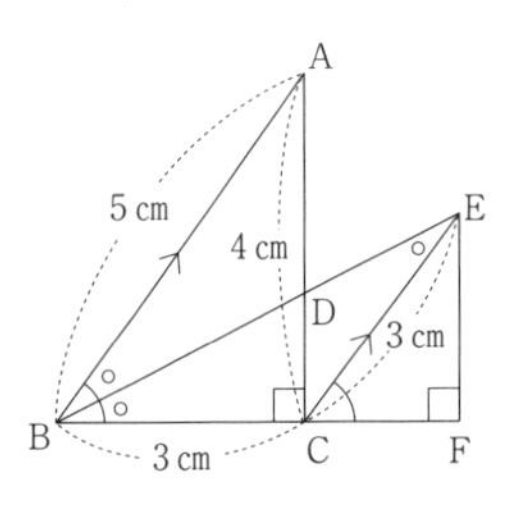

6 BF = x とおく。斜辺とその他の 1 辺がそれぞれ等しい直角三角形なので，△DAE ≡ △DCF より，AE = CF だから，EB = FB で，△FEB は直角二等辺三角形となり，$EF = \sqrt{2}x$　$CF = 1 - x$，$DF = EF = \sqrt{2}x$ だから，△DFC で三平方の定理より，$(\sqrt{2}x)^2 = (1 - x)^2 + 1^2$　展開して，$2x^2 = x^2 - 2x + 1 + 1$　移項して整理して，$x^2 +$

$2x-2=0$　解の公式より，$x=\dfrac{-2\pm\sqrt{2^2-4\times1\times(-2)}}{2\times1}=\dfrac{-2\pm2\sqrt{3}}{2}=-1\pm\sqrt{3}$　$x>0$ だから，$BF=-1+\sqrt{3}=\sqrt{3}-1$

7 (1) $EC=6\times\dfrac{1}{2+1}=2\,(cm)$　$AD \mathbin{/\!/} BC$，$\angle ADC=90°$ より，$\angle ECB=90°$ だから，$\triangle EBC$ において三平方の定理より，$EB=\sqrt{2^2+6^2}=\sqrt{40}=2\sqrt{10}\,(cm)$

(2) $CD=BC$，$AD=EC=2\,cm$，$\angle ADC=\angle ECB=90°$ だから，$\triangle CAD\equiv\triangle BEC$ より，$AC=EB=2\sqrt{10}cm$　$\angle CAD=\angle BEC=\angle CEF$，$\angle ACD=\angle ECF$ より，$\triangle CAD \backsim \triangle CEF$ だから，$CA:CE=CD:CF$ より，$2\sqrt{10}:2=6:CF$　よって，$CF=\dfrac{2\times6}{2\sqrt{10}}=\dfrac{3\sqrt{10}}{5}\,(cm)$ より，$CF:FA=\dfrac{3\sqrt{10}}{5}:\left(2\sqrt{10}-\dfrac{3\sqrt{10}}{5}\right)=3\sqrt{10}:7\sqrt{10}=3:7$ だから，$\triangle ABF=\triangle ABC\times\dfrac{7}{3+7}=\dfrac{1}{2}\times6\times6\times\dfrac{7}{10}=\dfrac{63}{5}\,(cm^2)$

8 (1) $\triangle ABC$ において，三平方の定理より，$BC=\sqrt{6^2+8^2}=\sqrt{100}=10\,(cm)$　右図のように A から BC に垂線 AH をひくと，$\triangle ABC \backsim \triangle HBA$ がいえるから，$AC:HA=BC:BA$　よって，$8:HA=10:6$ より，$HA=\dfrac{8\times6}{10}=\dfrac{24}{5}\,(cm)$　また，$AB:HB=BC:BA$ より，

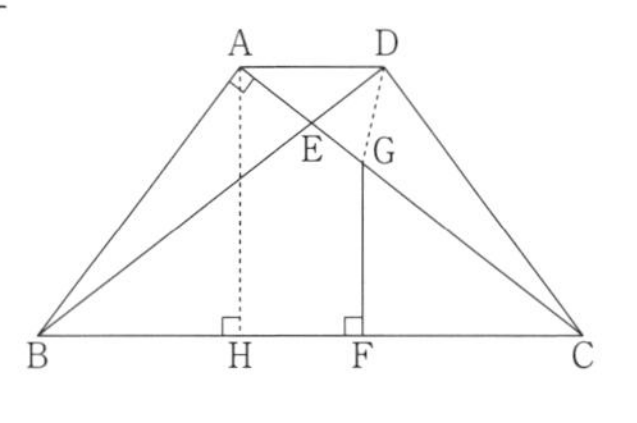

$6:HB=10:6$ だから，$HB=\dfrac{6\times6}{10}=\dfrac{18}{5}\,(cm)$　四角形 ABCD は $AB=CD$ の台形だから，$AD=BC-2HB=10-\dfrac{36}{5}=\dfrac{14}{5}\,(cm)$

(2) $BF:FC=3:2$ より，$FC=\dfrac{2}{5}BC=\dfrac{2}{5}\times10=4\,(cm)$，$BF=10-4=6\,(cm)$ となる。よって，$HF=6-\dfrac{18}{5}=\dfrac{12}{5}\,(cm)$　$GF \mathbin{/\!/} AH$ だから，$AG:GC=HF:FC=\dfrac{12}{5}:4=3:5$

(3) $AE:EC=AD:BC=\dfrac{14}{5}:10=7:25$ より，$AE=\dfrac{7}{32}AC$　(2)より，$GC=\dfrac{5}{8}AC$ だから，$EG=AC-AE-GC=AC-\dfrac{7}{32}AC-\dfrac{5}{8}AC=\dfrac{32-7-20}{32}\times AC=\dfrac{5}{32}AC$　よって，$\triangle DEG=\dfrac{5}{32}\triangle ADC=\dfrac{5}{32}\times\left(\dfrac{1}{2}\times\dfrac{14}{5}\times\dfrac{24}{5}\right)=\dfrac{21}{20}\,(cm^2)$

9 (1) $\angle ABC=\angle DCB=90°$ より，$AB \mathbin{/\!/} DG$　したがって，$\angle CGE=\angle BAE=45°$　$\triangle ABE$，$\triangle ECG$ は直角二等辺三角形だから，$AE=\sqrt{2}BE=3\sqrt{2}\,(cm)$，$EG=\sqrt{2}EC=2\sqrt{2}\,(cm)$　よって，$AG=3\sqrt{2}+2\sqrt{2}=5\sqrt{2}\,(cm)$

(2) AB ＝ BE ＝ 3 cm　また，△ECDと△ECGは合同な直角二等辺三角形だから，DC ＝ GC ＝ EC ＝ 2 cm　AB∥DGより，BF：FD ＝ AB：GD ＝ 3：(2 ＋ 2) ＝ 3：4

(3) BF：FD ＝ 3：4より，$\triangle FED = \triangle BED \times \dfrac{4}{3+4} = \left(\dfrac{1}{2} \times 3 \times 2\right) \times \dfrac{4}{7} = \dfrac{12}{7}$ (cm²)

$\angle FED = 180^\circ - \angle AEB - \angle DEC = 90^\circ$　$ED = EG = 2\sqrt{2}$ cmだから，△FEDの面積について，$\dfrac{1}{2} \times FE \times 2\sqrt{2} = \dfrac{12}{7}$が成り立つ。これを解くと，$FE = \dfrac{12}{7\sqrt{2}} = \dfrac{6\sqrt{2}}{7}$ (cm)

(4) 右図のように，点Hから線分EDに垂線HIをひくと，HI∥FE　したがって，DI：IE ＝ DH：HF ＝ 1：1だから，$EI = \dfrac{1}{2}ED = \sqrt{2}$ (cm)　また，HI：FE ＝ DH：DF ＝ 1：2だから，$HI = \dfrac{1}{2}FE = \dfrac{3\sqrt{2}}{7}$ (cm)　よって，△HIEで三平方の定理より，$EH = \sqrt{\left(\dfrac{3\sqrt{2}}{7}\right)^2 + (\sqrt{2})^2} = \dfrac{2\sqrt{29}}{7}$ (cm)

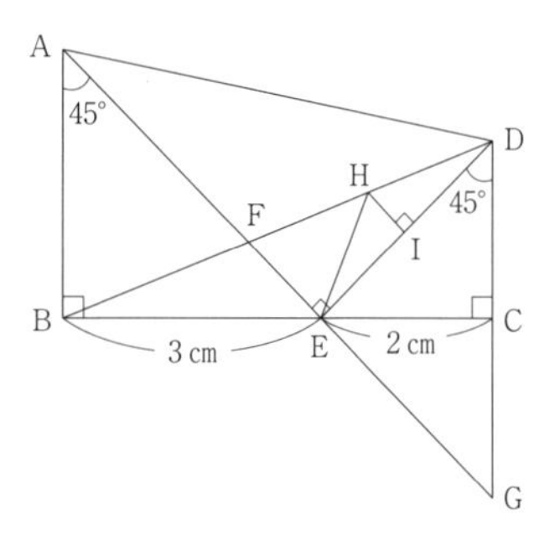

10 点Cが移る点をGとする。FC ＝ xとすると，GF ＝ x，BF ＝ $8 - x$で，BG ＝ 6だから，△BGFで三平方の定理より，$6^2 + x^2 = (8 - x)^2$　よって，$16x = 28$より，$x = \dfrac{7}{4}$となるから，$BF = 8 - \dfrac{7}{4} = \dfrac{25}{4}$　したがって，$\triangle EBF = \dfrac{1}{2} \times \dfrac{25}{4} \times 6 = \dfrac{75}{4}$

11 (1) 正方形PQRS ＝ 1 cm²　$\triangle PDS = \triangle RCS = \dfrac{1}{2} \times \dfrac{1}{2} \times 1 = \dfrac{1}{4}$ (cm²)　$\triangle DQC = \dfrac{1}{2} \times \dfrac{1}{2} \times \dfrac{1}{2} = \dfrac{1}{8}$ (cm²)　よって，$\triangle CSD = 1 - \dfrac{1}{4} \times 2 - \dfrac{1}{8} = \dfrac{3}{8}$ (cm²)

(2) QC ＝ x cmとおくと，CR ＝ $1 - x$ (cm)，SR ＝ 1　また，DQ ＝ x cmより，PD ＝ $1 - x$ (cm)，PS ＝ 1 cm　そして，∠SRC ＝ ∠SPD ＝ 90°なので，△SCR ≡ △SDPとなり，SC ＝ SDなので，△SDCは正三角形。△DQCは直角二等辺三角形なので，$DC = \sqrt{2}x$ cm　△SCRで三平方の定理より，$SC^2 = (1 - x)^2 + 1$　$DC^2 = SC^2$から，$(\sqrt{2}x)^2 = (1 - x)^2 + 1$　展開して整理すると，$x^2 + 2x - 2 = 0$　解の公式より，$x = \dfrac{-2 \pm \sqrt{2^2 - 4 \times 1 \times (-2)}}{2 \times 1} = -1 \pm \sqrt{3}$　$x > 0$より，$x = -1 + \sqrt{3}$
よって，$CD = \sqrt{2}x = \sqrt{2} \times (-1 + \sqrt{3}) = -\sqrt{2} + \sqrt{6}$ (cm)

7．三平方の定理と円

1 $\frac{169}{4}\pi + 60\ (\mathrm{cm}^2)$　**2** (1) 6 (cm)　(2) $2\pi - 2\sqrt{3}\ (\mathrm{cm}^2)$　**3** (1) 5　(2) $288 - 50\pi$

4 $\frac{9\sqrt{3}}{2} - 2\pi$　**5** $\frac{\sqrt{6}}{3}$ (cm)　**6** (1) 1　(2) 5　(3) $\frac{4}{3}$

7 (1) 45°　(2) π (cm)　(3) $2\sqrt{2}$ (cm)　(4) $\pi\ (\mathrm{cm}^2)$　**8** (1) 15°　(2) $3\sqrt{3}$ (cm)

9 (1) 8　(2) $\sqrt{10}$　(3) $\frac{10}{3}$　(4) 5　**10** (1) $4\sqrt{2}$　(2)（面積）$\frac{63\sqrt{2}}{8}$　（長さ）$6\sqrt{2}$

◇ 解説 ◇

1 右図の△OBEと△FCOについて，∠OBE = ∠FCO = 90°　円の半径だから，OE = FO　また，三平方の定理より，$\mathrm{BE} = \sqrt{13^2 - 5^2} = 12$ (cm)　CO = 17 − 5 = 12 (cm)　だから，BE = CO　直角三角形の斜辺と他の1辺がそれぞれ等しいから，△OBE ≡ △FCO　したがって，∠EOF = 180° −(∠BOE + ∠COF) = 180° −(∠BOE + ∠BEO) = 180° − 90° = 90°　よって，おうぎ形EOFの中心角は90°なので，求める面積は，$\pi \times 13^2 \times \frac{90}{360} + \frac{1}{2} \times 12 \times 5 \times 2 = \frac{169}{4}\pi + 60\ (\mathrm{cm}^2)$

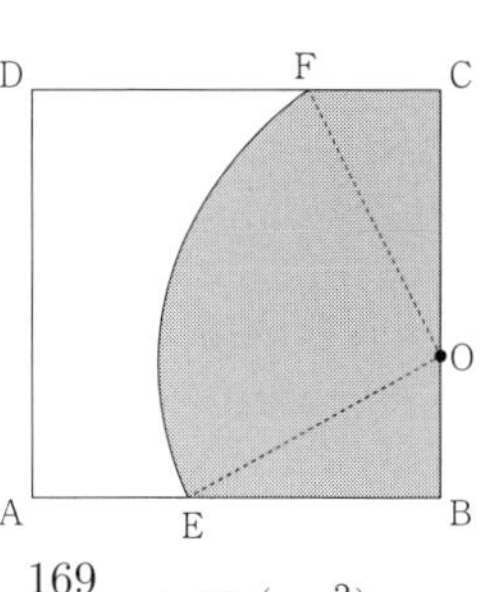

2 (1) △OABは30°，60°の直角三角形だから，AO = 2OB = 4 (cm)　よって，AD = AO + OD = 4 + 2 = 6 (cm)

(2) 半円OCDの面積は，$\frac{1}{2} \times \pi \times 2^2 = 2\pi\ (\mathrm{cm}^2)$　BからCDに垂線BEをひくと，△OEBは30°，60°の直角三角形だから，$\mathrm{BE} = \frac{\sqrt{3}}{2}\mathrm{OB} = \sqrt{3}$ (cm)　よって，$\triangle\mathrm{DCB} = \frac{1}{2} \times (2 + 2) \times \sqrt{3} = 2\sqrt{3}\ (\mathrm{cm}^2)$　したがって，色のついた部分の面積は，$2\pi - 2\sqrt{3}\ (\mathrm{cm}^2)$

3 (1) 右図のように，長方形と2つの円O，Pとの接点をA～Dとし，BOの延長とCPの延長の交点をEとすると，△OPEは，∠OEP = 90°の直角三角形になり，OPは2つの円の接点Fを通る。△OPEで，OE = 18 −(BO + PD) = 18 − $2r$，PE = 16 −(AO + PC) = 16 − $2r$，OP = OF + FP = $2r$ なので，三平方の定理より，$(18 - 2r)^2 + (16 - 2r)^2 = (2r)^2$　展開して整理すると，$4r^2 - 136r + 580 = 0$ だから，$r^2 - 34r + 145 = 0$ となり，$(r - 5)(r - 29) = 0$　よって，$r = 5$,

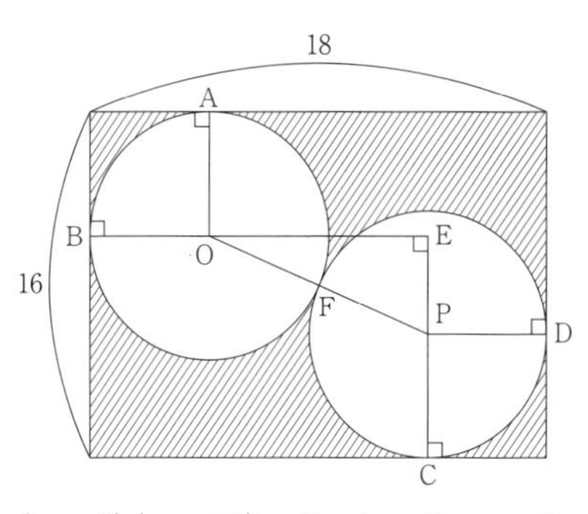

29　円の半径は接している長方形の辺より短いので，適するのは，$r = 5$

(2) 長方形の面積は，$16 \times 18 = 288$ で，円の面積は，$\pi \times 5^2 = 25\pi$ なので，斜線部分の面積は，$288 - 2 \times 25\pi = 288 - 50\pi$

4 右図のように，直線 m と円 O，円 A との接点をそれぞれ B，C とし，直線 m と直線 OA との交点を D，円 O と円 A の接点を E とする。また，点 A から線分 OB に垂線 AF をひく。このとき，四角形 FACB は長方形になるから，FB = AC = 1　よって，OF = 3 − 1 = 2　OA = 3 + 1 = 4 だから，OF : OA = 2 : 4 = 1 : 2　これより，△OAF は 30°，60° の直角三角形とわかるので，$\mathrm{FA} = \sqrt{3}\mathrm{OF} = 2\sqrt{3}$，∠BOE = 60°　ここで，FA∥BD より，△OAF ∽ △ODB だから，FA : BD = OF : OB = 2 : 3　よって，$2\sqrt{3} : \mathrm{BD} = 2 : 3$ だから，$\mathrm{BD} = 3\sqrt{3}$　斜線部分の面積は，△ODB の面積から，おうぎ形 OEB の面積と円 A の $\frac{1}{2}$ の面積をひいて，$\frac{1}{2} \times 3\sqrt{3} \times 3 - \pi \times 3^2 \times \frac{60}{360} - \pi \times 1^2 \times \frac{1}{2} = \frac{9\sqrt{3}}{2} - 2\pi$

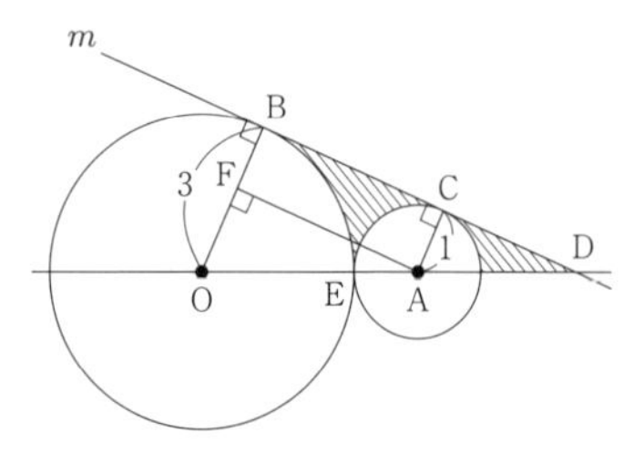

5 AB = 2 × 3 = 6 (cm) で，半円の弧に対する円周角より，∠ADB = 90° なので，△ABD で三平方の定理より，$\mathrm{AD} = \sqrt{6^2 - 4^2} = 2\sqrt{5}$ (cm)　同様に，$\mathrm{BM} = \mathrm{DM} = \frac{1}{2} \times 4 = 2$ (cm) で，△AMD は直角三角形なので，$\mathrm{AM} = \sqrt{(2\sqrt{5})^2 + 2^2} = 2\sqrt{6}$ (cm)　△CMB と△DMA において，∠BCM = ∠ADM = 90°，対頂角より，∠CMB = ∠DMA だから，2 組の角がそれぞれ等しいので，△CMB ∽ △DMA　よって，CM : DM = BM : AM より，$\mathrm{CM} : 2 = 2 : 2\sqrt{6}$ だから，$\mathrm{CM} = \frac{4}{2\sqrt{6}} = \frac{\sqrt{6}}{3}$ (cm)

6 (1) BP : BC = 1 : (1 + 3) = 1 : 4 だから，$\mathrm{BP} = \frac{1}{4}\mathrm{BC} = \frac{1}{4} \times 4 = 1$

(2) PC = 4 − 1 = 3 だから，△CDP で三平方の定理より，$\mathrm{DP} = \sqrt{3^2 + 4^2} = 5$

(3) 円 O の半径を x とする。四角形 ABPD の面積は，$4 \times 4 - \frac{1}{2} \times 3 \times 4 = 10$　ここで，四角形 ABPD の面積は，△OPD + △ODA + △OAB + △OBP と表すことができるから，$\frac{1}{2} \times 5 \times x + \frac{1}{2} \times 4 \times x + \frac{1}{2} \times 4 \times x + \frac{1}{2} \times 1 \times (4 - x) = \frac{13}{2}x + 2 - \frac{x}{2} = 6x + 2$　よって，$6x + 2 = 10$ より，$x = \frac{4}{3}$

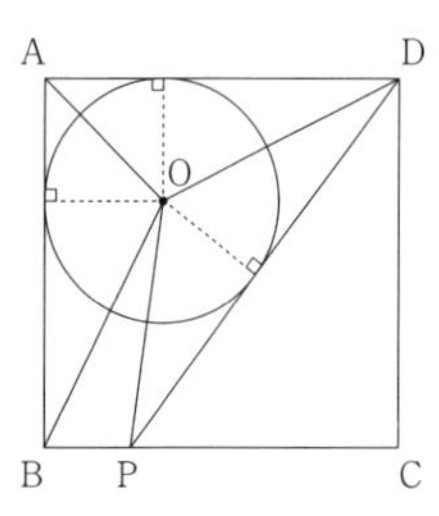

7 (1) $\overset{\frown}{DF}$は円周の，$2 \div 8 = \dfrac{1}{4}$なので，$\angle DOF = 360^\circ \times \dfrac{1}{4} = 90^\circ$　よって，$\angle DGF = 90^\circ \div 2 = 45^\circ$

(2) 半径が2 cm，中心角が90°のおうぎ形の弧なので，$2\pi \times 2 \times \dfrac{90}{360} = \pi$ (cm)

(3) △ODFは直角二等辺三角形なので，OD：OF：DF ＝ $1:1:\sqrt{2}$　OD ＝ 2 cmなので，DF ＝ $2 \times \sqrt{2} = 2\sqrt{2}$ (cm)

(4) OG∥DFなので，△GDF＝△ODFより，色の付いた部分の面積は，おうぎ形ODFの面積に等しい。よって，$\pi \times 2^2 \times \dfrac{90}{360} = \pi$ (cm^2)

8 (1) PQ：OP ＝ $3\sqrt{2}:6 = 1:\sqrt{2}$，∠OQP ＝ 90°より，△OPQは直角二等辺三角形だから，∠POQ ＝ 45°　よって，∠POB ＝ 60° − 45° ＝ 15°

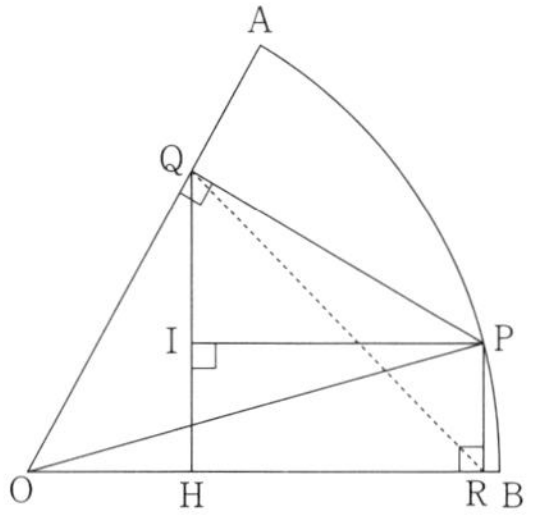

(2) 右図のように，点Qから線分ORに垂線QHを引き，点Pから線分QHに垂線PIを引く。△OPQは直角二等辺三角形だから，OQ ＝ PQ ＝ $3\sqrt{2}$ cm　これより，△OQHと△QPIは斜辺の長さが$3\sqrt{2}$ cmで，30°，60°の合同な直角三角形だから，QH ＝ PI ＝ $\dfrac{\sqrt{3}}{2}$PQ ＝ $\dfrac{3\sqrt{6}}{2}$ (cm)　ここで，RH ＝ PIでもあるから，△QHRは直角二等辺三角形。よって，QR ＝ $\sqrt{2}$QH ＝ $3\sqrt{3}$ (cm)

9 (1) ABは直径だから，∠ADB ＝ 90°　△ABDにおいて，三平方の定理より，AD ＝ $\sqrt{10^2 - 6^2} = \sqrt{64} = 8$

(2) OC ＝ $\dfrac{1}{2}$AB ＝ 5　OC∥ADだから，∠OFB ＝ 90°　また，OB：AB ＝ 1：2より，BF ＝ $\dfrac{1}{2}$BD ＝ 3，OF ＝ $\dfrac{1}{2}$AD ＝ 4　よって，FC ＝ OC − OF ＝ 5 − 4 ＝ 1だから，△BCFにおいて，BC ＝ $\sqrt{3^2 + 1^2} = \sqrt{10}$

(3) OC∥ADより，EO：EA ＝ OC：ADだから，BE ＝ xとすると，$(x + 5):(x + 10) = 5:8$　よって，$5(x + 10) = 8(x + 5)$より，$5x + 50 = 8x + 40$となるから，$3x = 10$　したがって，$x = \dfrac{10}{3}$

(4) △ABD ＝ $\dfrac{1}{2} \times 6 \times 8 = 24$　BE：AB ＝ $\dfrac{10}{3}:10 = 1:3$より，△BED ＝ $\dfrac{1}{3}$△ABD ＝ 8　EC：ED ＝ OC：AD ＝ 5：8だから，△BEC ＝ $\dfrac{5}{8}$△BED ＝ $\dfrac{5}{8} \times 8 = 5$

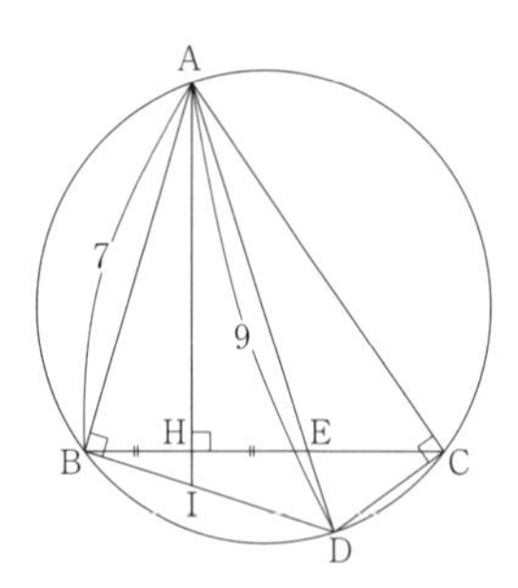

10 (1) ADは直径だから，△ABDは，$\angle ABD = 90°$の直角三角形となる。よって，三平方の定理より，$BD = \sqrt{9^2 - 7^2} = \sqrt{32} = 4\sqrt{2}$

(2) 右図の△ABHと△AEHにおいて，BH = EH，∠AHB = ∠AHE = 90°，AHは共通だから，△ABH ≡ △AEH　よって，∠BAI = ∠DAIで，AIは∠BADの二等分線となるから，△ABDにおいて，BI : ID = AB : AD = 7 : 9　また，△ABI ≡ △AEIであり，△ABIを底辺がABで高さがBI，△ADIを底辺がADで高さがIEとみれば，$\triangle ABD = \frac{1}{2} \times 7 \times 4\sqrt{2} = 14\sqrt{2}$だから，$\triangle ADI = \triangle ABD \times \frac{9}{7+9} = \frac{9}{16}\triangle ABD = \frac{9}{16} \times 14\sqrt{2} = \frac{63\sqrt{2}}{8}$　さらに，AE = AB = 7より，DE = 2　△ACE ∽ △BDEより，AC : BD = CE : DEだから，$AC : 4\sqrt{2} = CE : 2$　よって，$AC = 2\sqrt{2}CE$　ここで，△ABE ∽ △CDEもいえるから，CE = CD = aとおくことができる。$AC = 2\sqrt{2}a$より，△ACDにおいて，$(2\sqrt{2}a)^2 + a^2 = 9^2$　$9a^2 = 81$より，$a^2 = 9$　$a > 0$だから，$a = 3$　したがって，$AC = 2\sqrt{2} \times 3 = 6\sqrt{2}$

8．三平方の定理と空間図形

1 15 (cm)　**2** (1) 12 (cm^3)　(2) $6\sqrt{2}$ (cm)　**3** 12π (cm^3)

4 (1) $2\sqrt{2}$ (cm)　(2) $\sqrt{14}$ (cm^2)　(3) $\frac{32\sqrt{7}}{27}$ (cm^3)

5 (1) $3\sqrt{3}$ (cm)　(2) $\frac{9\sqrt{3}}{2}$ (cm^2)　(3) 162π (cm^3)　**6** (1) $2\sqrt{5}$ (cm)　(2) $\frac{4\sqrt{5}}{5}$ (cm)

7 (1) 60°　(2) $2\sqrt{3}$ (cm)　(3) $\frac{\sqrt{105}}{6}$ (cm^2)

8 (1) $\frac{500}{3}\pi$ (cm^3)　(2) 16π (cm^2)　(3) 20 (cm)　**9** (1) 4　(2) $4\sqrt{3}$　(3) $12\sqrt{11}$

◇ **解説** ◇

1 HとMを結ぶ。MG = 5cmだから，三平方の定理より，△HMGについて，$HM^2 = 5^2 + 10^2 = 125$　△DHMについて，$DM = \sqrt{10^2 + 125} = \sqrt{225} = 15$ (cm)

2 (1) 底面を△QFPとすると，高さは，BF = 6 cmだから，体積は，$\frac{1}{3} \times \frac{1}{2} \times 4 \times 3 \times 6 = 12\ (\mathrm{cm}^3)$

(2) 展開図の一部である右図で，糸が線分RPとなるとき，長さが最も短くなる。点Pから辺EHに垂線PSをひくと，ES = FP = 3 cm　よって，RS = 3 + 3 = 6 (cm)だから，△RSPは，RS = SP = 6 cmの直角二等辺三角形。したがって，糸の長さは$6\sqrt{2}$ cm。

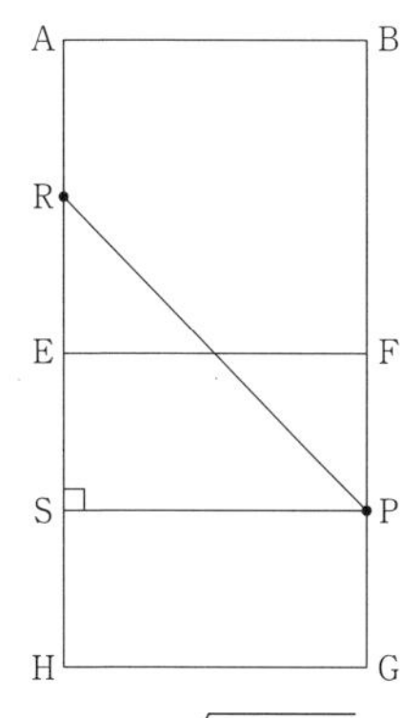

3 母線が5 cm，底面の半径が3 cmの円錐だから，高さは三平方の定理より，$\sqrt{5^2 - 3^2} = 4\ (\mathrm{cm})$　よって，体積は，$\frac{1}{3} \times \pi \times 3^2 \times 4 = 12\pi\ (\mathrm{cm}^3)$

4 (1) AC = AEで，ACは1辺の長さが2 cmの正方形の対角線だから，$\mathrm{AC} = \sqrt{2} \times 2 = 2\sqrt{2}\ (\mathrm{cm})$　よって，$\mathrm{AE} = 2\sqrt{2}$ cm

(2) △OACはOA = OCである二等辺三角形だから，OからACに垂線OPをひくと，PはACの中点になる。$\mathrm{AP} = \frac{1}{2} \times 2\sqrt{2} = \sqrt{2}\ (\mathrm{cm})$　直角三角形OAPにおいて，三平方の定理より，$\mathrm{OP}^2 = \mathrm{OA}^2 - \mathrm{AP}^2 = 3^2 - (\sqrt{2})^2 = 7$　OP > 0だから，$\mathrm{OP} = \sqrt{7}$ cm　よって，△OACの面積は，$\frac{1}{2} \times \mathrm{AC} \times \mathrm{OP} = \frac{1}{2} \times 2\sqrt{2} \times \sqrt{7} = \sqrt{14}$ (cm^2)

(3) AからOCに垂線AQをひくと，AC = AEだから，QはCEの中点。CQ = x cmとすると，OQ = 3 − x (cm)　三平方の定理を利用して，AQ^2を2通りで表すと，直角三角形ACQにおいて，$\mathrm{AQ}^2 = \mathrm{AC}^2 - \mathrm{CQ}^2 = (2\sqrt{2})^2 - x^2 = 8 - x^2$　直角三角形OAQにおいて，$\mathrm{AQ}^2 = \mathrm{OA}^2 - \mathrm{OQ}^2 = 3^2 - (3 - x)^2 = 9 - (9 - 6x + x^2) = 6x - x^2$　よって，$8 - x^2 = 6x - x^2$が成り立つ。これを解くと，$x = \frac{4}{3}$　よって，$\mathrm{CE} = 2 \times \frac{4}{3} = \frac{8}{3}\ (\mathrm{cm})$　EからACに垂線ERをひくと，ER∥OPとなり，△ERC ∽ △OPCで，相似比は，$\mathrm{EC} : \mathrm{OC} = \frac{8}{3} : 3 = 8 : 9$　よって，$\mathrm{ER} = \frac{8}{9}\mathrm{OP} = \frac{8\sqrt{7}}{9}\ (\mathrm{cm})$

これが四角形ABCDを底面としたときの高さになるので，求める四角錐の体積は，$\frac{1}{3} \times (2 \times 2) \times \frac{8\sqrt{7}}{9} = \frac{32\sqrt{7}}{27}\ (\mathrm{cm}^3)$

5 (1) △ADEは30°，60°の直角三角形なので，$\mathrm{DE} = \frac{1}{\sqrt{3}}\mathrm{AE} = 6\ (\mathrm{cm})$　△ABCは直

角二等辺三角形なので，BC = AC = $\frac{1}{\sqrt{2}}$AB = 9 (cm)　FC ∥ DE より，△AFC ∽ △ADE で，FC : DE = AC : AE = 9 : $6\sqrt{3}$ = 3 : $2\sqrt{3}$　よって，FC = $\frac{3}{2\sqrt{3}}$DE = $3\sqrt{3}$ (cm)

(2) CE = $6\sqrt{3} - 9$ (cm) だから，台形 FCED の面積は，$\frac{1}{2} \times (3\sqrt{3} + 6) \times (6\sqrt{3} - 9) = \frac{1}{2} \times (54 - 27\sqrt{3} + 36\sqrt{3} - 54) = \frac{9\sqrt{3}}{2}$ (cm^2)

(3) できる立体は，底面が半径 BC の円で高さが AC の円錐から，底面が半径 FC の円で高さが AC の円錐を除いた立体なので，その体積は，$\frac{1}{3} \times \pi \times 9^2 \times 9 - \frac{1}{3} \times \pi \times (3\sqrt{3})^2 \times 9 = 162\pi$ (cm^3)

6 (1) AM = $\frac{1}{2}$AB = 2 (cm)　△ADM について，三平方の定理より，DM = $\sqrt{4^2 + 2^2} = \sqrt{20} = 2\sqrt{5}$ (cm)

(2) 中点連結定理より，MN ∥ BC，MN = $\frac{1}{2}$BC = 2 (cm)　MN ⊥ 面 ADEB だから，三角錐 NMDE の体積を，△MDE を底面として求めると，$\frac{1}{3} \times \left(\frac{1}{2} \times 4 \times 4\right) \times 2 = \frac{16}{3}$ (cm^3)　また，△NDE は，ND = NE の二等辺三角形。△NDM について，$\mathrm{ND}^2 = 2^2 + (2\sqrt{5})^2 = 24$　N から DE に垂線 NH を引くと，DH = $\frac{1}{2}$DE = 2 (cm) で，△NDH について，NH = $\sqrt{24 - 2^2} = \sqrt{20} = 2\sqrt{5}$ (cm)　よって，△NDE = $\frac{1}{2} \times 4 \times 2\sqrt{5} = 4\sqrt{5}$ (cm^2) だから，三角錐 NMDE の体積について，$\frac{1}{3} \times 4\sqrt{5} \times \mathrm{MH} = \frac{16}{3}$ が成り立つ。これを解いて，MH = $\frac{4}{\sqrt{5}} = \frac{4\sqrt{5}}{5}$ (cm)

7 (1) 中心角を x° とすると，おうぎ形の弧の長さについて，$2\pi \times 6 \times \frac{x}{360} = 2 \times \pi$ が成り立つ。これを解くと，$x = 60$

(2) 側面を展開したおうぎ形は右図1のようになる。△ABB′ は，$AB = AB' = 6\,\text{cm}$，$\angle BAB' = 60°$ より，正三角形で，$BM \perp AB'$　$\angle B'AC = \angle BAC = \dfrac{1}{2} \times 60° = 30°$ より，△AMD は 30°，60° の直角三角形となるので，$AD = \dfrac{2}{\sqrt{3}}AM = \dfrac{2\sqrt{3}}{3} \times \dfrac{1}{2}AB = 2\sqrt{3}$ (cm)

図1

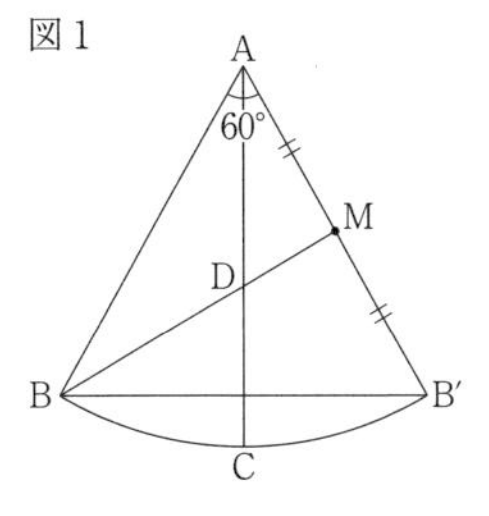

(3) 円錐を面 ABC で切ると，切断面は右図2のようになる。△ABC は $AB = AC$ の二等辺三角形だから，点 A から辺 BC に垂線 AH をひくと，$BH = \dfrac{1}{2}BC = 1$ (cm)　△ABH で三平方の定理より，$AH = \sqrt{6^2 - 1^2} = \sqrt{35}$ (cm) だから，$\triangle ABC = \dfrac{1}{2} \times 2 \times \sqrt{35} = \sqrt{35}$ (cm^2)　よって，$AD : AC = 2\sqrt{3} : 6 = \sqrt{3} : 3$，$BM : AB = 1 : 2$ より，$\triangle BDM = \dfrac{1}{2}\triangle ABD = \dfrac{1}{2} \times \dfrac{\sqrt{3}}{3}\triangle ABC = \dfrac{\sqrt{105}}{6}$ (cm^2)

図2

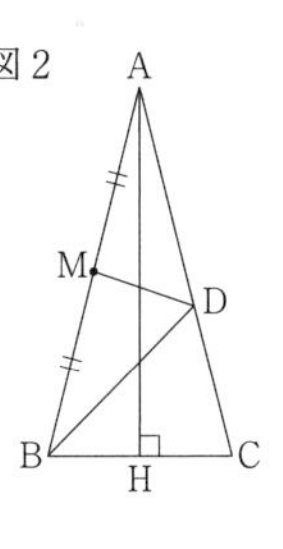

8 (1) $\dfrac{4}{3} \times \pi \times 5^3 = \dfrac{500}{3}\pi$ (cm^3)

(2) 球の中心を O とする。右図は O を通る平面で球を切断したときの切り口であり，AB は O からの距離が 3 cm である平面で球を切ったときの切り口である円の直径で，M は円の中心となる。三平方の定理より，$AM = \sqrt{5^2 - 3^2} = 4$ (cm) だから，求める面積は，$\pi \times 4^2 = 16\pi$ (cm^2)

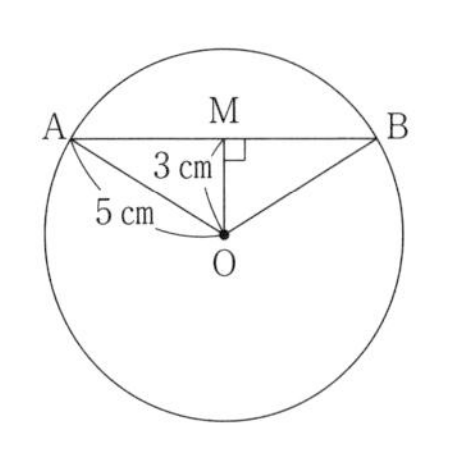

(3) 求める円錐の高さを h cm とすると，円錐の体積は，$\dfrac{1}{3} \times \pi \times 5^2 \times h = \dfrac{25}{3}\pi h$ (cm^3)　よって，$\dfrac{25}{3}\pi h = \dfrac{500}{3}\pi$ より，$h = 20$

9 (1) △AED で中点連結定理より，$PQ = \dfrac{1}{2}ED = \dfrac{1}{2} \times 8 = 4$

(2) △ACQ は3辺の比が $1 : 2 : \sqrt{3}$ の直角三角形となるから，$CQ = \dfrac{\sqrt{3}}{2}AC = \dfrac{\sqrt{3}}{2} \times 8 = 4\sqrt{3}$

(3) 右図のように，2点P，Qから辺BCに垂線をひき，交点をそれぞれR，Sとおく。RS = PQ = 4より，BR = $(8-4)\times\dfrac{1}{2}=2$　△PBRで，三平方の定理より，PR = $\sqrt{(4\sqrt{3})^2-2^2}=2\sqrt{11}$　よって，台形PBCQの面積は，$\dfrac{1}{2}\times(4+8)\times2\sqrt{11}=12\sqrt{11}$

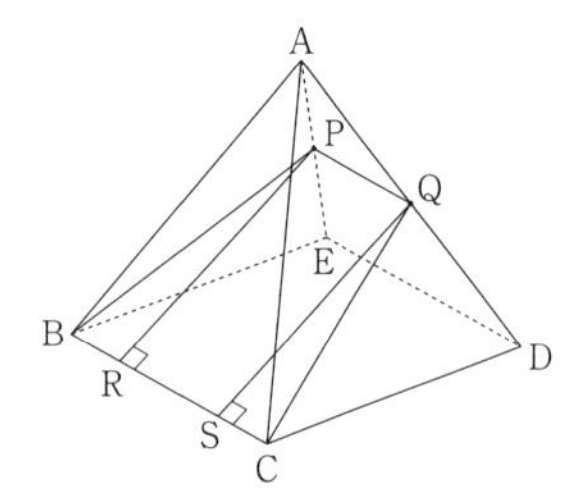